Stuart A. Kauffman
スチュアート・A・カウフマン＝著
水谷 淳＝訳

WORLD BEYOND PHYSICS
生命はいかにして複雑系となったか

森北出版

WORLD BEYOND PHYSICS——目次

エピローグ　経済の進化　173

プロローグ

ニュートンが授けてくれた古典物理学は、この世界を受動態で描写している。川は流れ、石は落ち、惑星は公転し、恒星は自らの質量で歪んだ時空の中を、弧を描いて運動する。出来事は起こるだけであって、起こされることはない。多様で驚異的だが、非生物的である。

私はキッチンに立ち寄ってモモを一個手に取り、椅子に座ってものを書きながら七八年間を振り返る。昨日、全長二二フィートの自家用船「ポイズド・レルム」号に乗り込んで、オーカス島のクレーンドックへ走らせ、そこから車でワシントン州イーストサウンドに行って、ちょうどいま午後のおやつとして手に取ったモモを買った。私の心臓は少しドキドキした。私自身のヒトの心臓だ。ほとんどの読者もヒトの心臓を持っている。

一三七億年前のビッグバンという非生物的な出来事以降、私のヒトの心臓、モモ、キッチン、船、そしてイーストサウンドは、いったいどこから生まれたのだろうか。

ニュートン以来我々は、物理学に頼って現実を評価してきた。つまり、何が「現実」なのかということだ。しかし物理学は、我々がどこから来たのか、どのように誕生したのか、なぜヒトの心臓は存在するのか、なぜイーストサウンドでモモを買えるのか、ましてや「買う」とは何なのかも、教えてはくれない。

いまからこれらのことについて語っていこう。知っていることよりも知りたいこと、語れることよりも語りたいことのほうが多い。

我々は物理学を超越した世界に住んでいる。

我々は、自身を構築する生命体からなる世界に住んでいる。しかし、それについて語るための概念を持ち合わせていない。木は種《たね》から自身を構築し、太陽に向かって上へと伸びていく。我々はそれを目にするが、それについて何を語れるかは知らない。森は自身を構築し、根を張り、枝を広げ、まるで物欲しそうにじっとしている。この生物圏も約三七億年のあいだ、可能な限り多様性を高めてきた。キリンは？　三〇億年前に誰がそれを知っていただろう。誰も知りようがなかったはずだ。モモは？　かつて誰がそれについて語れただろう。

概算によれば、既知の宇宙に存在する一〇の二二乗（10^{22}）個の恒星のうち五〇から九〇パーセントが、その周囲を公転する惑星を有しているという。私が信じていて、これから語りたいと思っているとおり、もし生命が豊富に存在していたとすると、この宇宙には生成現象が満ちあふれており、この宇宙は物理学に基づいてはいるものの、我々の知る物理学は超越していることになる。

10^{22}個の生物圏が存在するかもしれないという考え方に、私は仰天させられる。ハッブルが描き出した、数千億、約10^{11}個の銀河のイメージには、確かにゾクゾクする。では、地球のように沸きかえる生物圏は10^{22}個存在するのだろうか。「物理学を超越した一つの世界」でなく、我々の知る広大な物理学と同じくらい広大でほぼ知りようのない、「物理学を超越した多数の世界」だ。

我々の科学には、自身を構築するシステムという概念が欠けている。本書では、マエル・モンテヴィルとマテオ・モッシオ（Montévil and Mossio 2015）による、「束縛閉回路（閉包）」（コンストレイント・クロージャー）というきわめて重要な概念を紹介しよう。この二人の若い科学者は、生物の組織構成に欠けている一つの、もしかしたら「唯一の」概念を見つけた。我々は成長すればそれをはっきりと理解するようになるだろうし、そもそも我々はそれに基づいて作られている。この概念は少々複雑だが、それほどでもない。やがて理解できるようになるだろう。しかしいまのところは、次のように考えておけばいい。束縛閉回路とは、非平衡プロセスにおけるエネルギーの解放に対する束縛条件と、システムが自身の束縛条件を構築するようなプロセスとの組み合わせである。これは驚くべき概念である。細胞は束縛閉回路を持っているが、自動車は持っていない。

生きているシステムは、この束縛閉回路を実現させて、「熱力学的仕事サイクル」と呼ばれるものを働かせることで、自らを複製することができる。生きているシステムはまた、ダーウィンの言う遺伝可能な多様性を示し、自然選択、ひいては進化を進めることができる。それについては以前の何冊かの著書で書いた。だが私は、何かが欠けているという感覚に悩まされていた。それが束縛閉回路を知ったことで、重要なパズルのピースがぴたりとはまったのだ。

しかし、何が進化するかを前もって言うことはできない。進化するものは「事前言い当て不可能」――私はもっと適切な言葉を知らない――な形で出現し、この生物圏をますます複雑にする。我々はその子供だ。キリンやモモやナマコもそうだ。

何年か前、ある友人の物理学者が七〇歳の誕生パーティーの席で、生物学者によるこの世界の見方に皮肉を言った。もし生物学者がガリレオと一緒にピサの斜塔に登ったら、赤い石、オレンジ色の石、ピンクの石、青い石、緑の石などを次々に落としていただろう、と。

仲間の物理学者たちはしたり顔でくすくすと笑った。物理学者は物事を単純化することで法則を探すが、生物学者は生命がどのようにして複雑になったのかを探る。だからもちろん、赤い石とはキリンのことで、オレンジ色の石はモモ、青い石はナマコ、緑色の石は我々のことだ。問題は、ナマコとキリンと我々のどれが速く落ちるかではなく、そもそもそれらがどうやって出現したかである。

物理学は教えてくれないだろう。答えは誰も知らない。

物理学を超越した世界が存在するのだ。

ダーウィンによれば、新たな生物種は自然という混み合った床に楔を打ち込んで、自身が存在するための余地を開けるのだという。それは正しいとも言えるし、正しくないとも言える。生物は自らが存在することによって、他の生物が出現するための条件を作り出す。生物種は自然という床にひびを入れ、そのひびが、新たに出現する生物種のためのニッチ（生態的地位）を構成し、それがさらに、ますます多くの生物種が生まれるためのひびを作り出すのだ。

花開く生物圏は自身のさらに新たな生成の可能性を生み出し、ますます多様で豊かになっていく。

ほぼ誰も気づいてはいないが、それと同じことが、爆発的に拡大する世界経済にも当てはまる。新たな商品が、さらに新たな商品のためのニッチを作り出す。ワールド・ワイド・ウェブの発明が、ウェブ上での商品販売、ひいてはイーベイやアマゾンのためのニッチを作り出した。それがさらにウェブ上のコンテンツを生み出して、グーグルなどのサーチエンジンのためのニッチを作り出した。さまざまなビジネスは一発当てようと、さらに多くのアイテムを売るためのサーチアルゴリズムを生み出した。ｉＰｈｏｎｅのアプリについて考えてみよう。アプリに作用するアプリ、たとえば、Ｓａｆａｒｉに表示される広告を排除するアドブロッカーといったものがある。

我々は自分たちが可能にするこの世界をつまずきながら歩いていき、将来を見抜く力も事前の知識もいっさい、あるいはほとんど持たないまま、のしのしと前進していく。私はイーストサウンドに行ってモモを買うことができる。

我々は、特殊相対論と一般相対論、量子力学と場の量子論および標準モデルという物理学の中に、この世界を導くことのできる基礎、究極の生成現象が見つかるだろうと考えている。しかしそれはありえない。根本原理はその基礎に頼っているのかもしれないが、そこから導くことはできない。その根本原理、いわば知りようのない展開は、基礎の係留から外れて自由に浮かんでいる。ヘラクレイトスが言ったように、この世界は流転しているのだ。

第1章　この世界は機械ではない

デカルト、ニュートン、ラプラスの勝利、そして古典物理学の誕生以来、我々は物理学を、現実とは「何であるか」という疑問の答えとみなすようになってきた。そしてその探求の中で、この世界は巨大な機械であると考えるようになった。このニュートン的な基本的枠組みは、特殊相対論と一般相対論によって驚くような形で拡張された。量子力学と場の量子論は、古典物理学の基本的な決定論的側面の一部を修正するものだが、現実を巨大な「機械」としてとらえる見方は変わらない。

本書の主張は、我々の生物圏であれ宇宙に存在するどの生物圏であれ、進化する生物圏に関しては、それが「機械」であるという主張は間違っているというものである。進化する生命は機械ではない。その理由を詳しく説明するには、あらゆる点で多少の忍耐を必要とする。ここで提唱する世界観の変化がもたらす影響を予想することはできないが、願わくは、我々が生成現象における言い表せない創造性を持った生物界の一員であることに気づいてもらえれば幸いである。それとともに、意識の拡大、理解の高まり、生物界に対する責任感の深まりといった、深遠な喜びも持ってもらえたら嬉しい。時が経てば分かってもらえるだろう。

C・P・スノーは有名なエッセー『二つの文化と科学革命』の中で、科学の世界と人文の世界との分断を批判している。その分断の一端は、「物言わない」物質と人間の想像力との違いにある。しかしその中間には、意識を持っていないか幅広い意識を持っているかにかかわらず、進化する生物界が存在する。本書では、法則が支配する物理学と違って、生物圏の生成を引き起こす法則はいっさい存在しないということを示せればと思う。生物圏が進化して、我々が前もって語ることのできない形で自身の未来を方向づけるにつれて、いったい何が生成するのか、それは誰も知らないし、知ることもできない。「事前言い当て不可能」だ。偶然だがランダムではない、法則に従わないこの創発は、物言わない物質とシェイクスピアの中間に位置することになる。生命自体が物理学と人文学をつなぐのだ。

まだほとんど語られていないこれらの問題の探究に、ぜひ加わってほしい。すべきことはたくさんあって、本書だけではとうてい達成できない。しかし良いスタートを切る努力はしたい。

原子より上のレベルの非エルゴード的宇宙

この宇宙は、存在しうるすべてのタイプの安定な原子を作ったのか？　その答えは「イエス」だ。物理学で知られている二種類の粒子、ボソンとフェルミオンが、考えられるあらゆる組み合わせで手を取り合い、物質を構成する百何十種類かの元素を生み出した。ではこの宇宙は、存在しうるすべての複雑な物体を作り出すのか？　いいや、けっしてそんなことはない。複雑な物体のほとんどは、けっして作られることはないのだ。

その理由は容易に分かる。タンパク質は、アラニン、フェニルアラニン、リジン、トリプトファンなど、二〇種類のアミノ酸が一列に連なってできている。特定のタンパク質の「主鎖」に沿ってペプチド結合で互いにつながった、それらの二〇種類のアミノ酸の具体的な配列が、そのタンパク質の一次配列を決定する。そしてそのタンパク質が複雑な形で折り畳まれることで、細胞内で機能を発揮する。

ヒトの典型的なタンパク質は、約三〇〇個のアミノ酸が一列に並んでできている。中には数千個のアミノ酸からできているものもある。

わずか二〇〇個のアミノ酸から作ることのできるタンパク質は、何種類あるだろうか？　各部位で二〇通りの選択肢があるので、存在しうる長さ二〇〇のタンパク質の種類の総数は、20^{200}となる。これはおよそ10^{260}に等しい。超天文学的な数だ。

次なるポイントが、この宇宙はビッグバン以降の時間で、これらの存在しうるタンパク質のうちのごく一部しか作れなかったことだ。

最良の概算によれば、この宇宙の年齢は約一三七億年、およそ10^{17}秒である。既知の宇宙には10^{80}個の粒子が存在すると見積もられている。一方、量子力学によると、この宇宙で何らかの出来事が起こりうる最短の時間の長さは、プランク時間、10^{-43}秒である。

したがって、仮にこの宇宙に存在する10^{80}個の粒子が、ビッグバン以降、プランク時間の時計の針が進むのに合わせてタンパク質を作ること以外何もしなかったとして、存在しうる長さ二〇〇のすべてのタンパク質を一度だけでも作るには、この宇宙の実際の年齢一三七億年の10^{39}倍の時間が必要となる（それに対して、二〇種類のアミノ酸をすべて作るにはわずか数十億年しかかからなかったと思われる）。

この宇宙は、たとえ何が起ころうが、二〇〇個のアミノ酸からなる、存在しうるタンパク質のうちのごく一部分――10^{39}分の一――しか作ることができなかったのだ。

現実となりうる事柄よりも可能な事柄の空間のほうがはるかに広い場合には、歴史が関わってくる。たとえば生命自体の進化は、完全に歴史上のプロセスである。宇宙の化学的構成と複雑な分子の形成もそうだろう。したがって、原子よりも上のレベルにおけるこの宇宙の生成は、歴史が関わるプロセスである。

物理学者はこの歴史性を、「非エルゴード的」と呼ぶ。「エルゴード的」とは、おおざっぱに言うと、システムが「ある程度の」時間内に、取りうるすべての状態を取るという意味である。平衡統計力学における主要な例が、急速に平衡状態に落ち着いていく一リットルの気体である。瓶の中を飛び交う気体粒子は、ほぼあらゆる配置を取ったのちに、取りうる中でもっとも安定な状態に落ち着く。一方、「非エルゴード的」とは、たとえこの宇宙の一三七億年間の歴史が天文学的な回数繰り返されたとしても、アミノ酸から存在しうるすべてのタンパク質が作られることがありえないのと同じように、システムが、取りうるすべての状態を取ることはないという意味である。

この宇宙はすべての安定な原子を作ったのかと問われれば、その答えは「イエス」だ。したがってこの宇宙は、原子に関してはおおむねエルゴード的だが、複雑な分子に関してはエルゴード的ではない。そして複雑な分子の階層になればなるほど、ビッグバン以降にその階層が取ってきた状態はまばらになる。長さ$N=1, 2, 3, 4...$のタンパク質を考えてみよう。Nが大きくなるにつれて、この宇宙が試すことのできる配列はどんどんとまばらになっていく。この宇宙はいまだに存在しない配列を探し出して、際限なく複雑さを高めることができる。その意味で、複雑さには際限のない「シンク」（溜まり場、余地）が存在する。この宇宙は、広大な領域を際限なく探索することができるのだ。

第二法則を超えて

熱力学の第二法則によると、無秩序さは大きくなる傾向にある。無秩序さはエントロピーとして測られる。その規範的な実例は先ほどと同じく、気体粒子からなる閉じた熱力学的システムが、一リットルの容器の中で、取りうるすべての配置を探索したのちに平衡状態に落ち着くというものである。それが到達する状態は、もっとも可能性の高い「マクロ状態」、すなわちエントロピー最大の状態と呼ばれるものだ。第二法則によると、システムが可能性の低いマクロ状態から可能性の高いマクロ状態へ流れていくにつれて、エントロピーは増大する傾向にある。ちょうど、熱々のコーヒーが冷めて生ぬるくなり、さらにそこから冷たくなっていくように。あるいは、氷の塊が融けて水たまりになるように。

しかし、もしあらゆるものがエントロピー最大の状態へ容赦なく向かっていくとしたら、この宇宙、とくにこの生物圏は、どのようにしてとてつもなく複雑になりうるのだろうか？　本当のところは分からないが、理由の一端は、この宇宙自体がいまだ平衡状態（宇宙論学者が「熱的死」と呼ぶ均質な真っ暗闇）へ向かっている途中であることと、この生物圏が閉じたシステムでないことである。太陽が我々を照らして、複雑さを高めるためのエネルギーを供給し、しばらくのあいだはエントロピーを出し抜いているのだ。

もっと深遠な理由の一端は、この宇宙が複雑さを使い果たせないことにあるのかもしれない。宇宙の化学的構成の複雑さと、生物圏の拡大する多様性という点で、膨大な数の取りうる複雑な状態へと際限のない探索がおこなわれているのだ。したがって、この際限のない複雑さの「シンク」がどのようにして、この宇宙に複雑さを創発させるのかという疑問を問わなければならない。とくにこの生物圏は、三七億年前に地球上で誕生して以降、あふれる多様性とともに複雑になってきた。この宇宙に存在するほかの生物圏でもきっとそうだろう。生物圏の中の何かが、多様性と複雑さを「高める」のだ。では、それはどのようにして、そしてなぜ起こるのだろうか。

この高まりの源の少なくとも一部でも示せればと思う。それは、有名な第二法則の非平衡バージョン、すなわち、今日の生物圏が四〇億年前よりもはるかに複雑になりうる理由を説明できる原理である。宇宙の化学的構成を見れば分かるとおり、複雑さは高まっている。ビッグバンののち、安定な元素が作られた。約五〇億年前に形成されたマーチソン隕石には、炭素、水素、窒素、酸素、リン、硫黄から作られた一万四〇〇〇種類程度の有機分子が含まれている。進化する生物圏は、三七億年前の原始細胞から現在の数百万の生物種へと、複雑さの高まりを示している。何よりも理解したいのは、この秩序がどこから生まれたかである。その秩序は歴史上の偶然だが、完全にランダムではない。生命はダーウィンの言う「もっとも美しい形態」の膨大な多様性を探索しているが、ここではもっと上位の分類単位における秩序に注目してほしい。

生物圏は文字どおり自らを構築し、それによって生物圏の多様性を高めていく。再び問うが、それはどのようにして、そしてなぜなのか？　驚くことにその答えは、「生命の世界はますます多様で複雑になることができ、その過程でそのための自身の能力を生み出していくからである」となるのかもしれない。そのためには、熱力学の第二法則によって秩序が消散するよりも速く、エネルギーの解放を利用して秩序を構築しなければならない。これから見ていくように、モンテヴィルとモッシオによる束縛閉回路と熱力学的仕事サイクルの美しい理論が、この新しいストーリーをはっきりと指し示しているのだ。

なぜヒトの心臓は存在するのか

この宇宙で際限なく紡ぎ出される複雑さの一つが、ヒトの心臓である。この宇宙はその寿命のあいだに、存在しうるすべてのタンパク質のうちのごく一部しか生み出せないし、ましてや、タンパク質からできていて我々が心臓と呼ぶ器官を形作る組織では、その割合はますます小さくなる。そこでこういう疑問が出てくる。原子より上のレベルに存在するこの非エルゴード的宇宙に、そもそもなぜヒトの心臓は存在するのか。

おおざっぱに言うと、ヒトの心臓が存在するのは、血液を送り出すことができ、それゆえ脊椎動物の祖先にとって選択的に有利となって、我々に受け継がれたからである。

ダーウィンがその答えの一部を簡潔に示している。心臓は我々の生存に役立ち、そのために選択された。しかしダーウィンは、そもそも心臓が存在するもっと深い理由を自分が示していることには気づいていなかった。増殖と遺伝可能な多様性によって進化しつづける生命が存在したとして、血液を送り出すわずかな機能的能力を持った器官が出現すれば、その幸運な偶然によって、単純な拡散ですべての細胞に必要な酸素を運搬するにしては少々大きすぎるような生命体が選択される可能性がある。要するに、原子より上のレベルにおける非エルゴード的宇宙に心臓が存在するのは、そのような心臓を持った、生きていて進化する生命体の生存を助けるような機能的役割を有しているためだ。

生命体は増殖の際に、そのプロセスの組織構成、つまりすべての部品を組み合わせて機能させる方法を、子に伝える。器官はその組織構成の一部であって、全体のために、そして全体に頼って存在している。言い換えれば、心臓が存在するのは生命が存在するからである。さらにのちほど見るように、生命は拡大しつづける可能性の空間を作り出し、原子より上のレベルの非エルゴード的宇宙においてその空間へと進化していく。

これが本書の最初の大きな結論である。複雑な物体の場合、原子より上のレベルの非エルゴード的宇宙にそもそもそれが出現することには説明が必要で、その答えは深遠であるとともに単純である。心臓が存在するのは、そのような心臓を持った生命体の存在を持続させ、ひいては未来に向けて進化させるという機能的役割を持っているためである。生物は原子より上のレベルで増殖し、それゆえにそれを持続させる器官も一緒に増殖する。原子より上のレベルの非エルゴード的宇宙に心臓が存在するのは、生命体は存在して増殖するために、機能する心臓を必要とするからである。カントの言う「総体」と同じく、生物は自らを持続させる部分を携えている。心臓を持った生命体が存在するから、心臓は存在するのだ。

なぜ目は存在するのか、鼻は存在するのか、腎臓は存在するのか、吸盤を持った触手は存在するのか、性は存在するのか、育児は存在するのか、キリンの長い首は存在するのか。答えはすべて同じ。それらの器官や特性を持った、進化して生きつづける生命体の生存を助ける上で、それらの器官やプロセスが役割を果たしているからである。またそれらは、全体のために、そして全体に頼って存在している。

この宇宙の持つこれらの側面がすべて、たった一個の小さくて青い惑星の上に存在している。この宇宙に存在する推計10^{22}個の恒星系にもし生命が満ちあふれているとしたら、原子よりさらに上の際限のない複雑さの高まりの中に、予測しようがなくておそらく考えもつかないような、無数のどんな複雑なものが潜んでいるというのだろうか。

生物とは何か

ダーウィンよりはるか以前、イマヌエル・カントは次のような理解に至った。「組織化された存在は、その各部分が全体のために、そして全体に頼って存在するという性質を有する」。このような存在を「カント的総体」と呼ぶことにしよう。心臓は、それが機能的部分である生命体全体のために、そしてそれに頼って存在する。ヒトはカント的総体である。

カント的総体の単純な例を図1・1に示す。これは、私が「集合的自己触媒集合」と呼ぶものの仮想的な例である。この集合は、重合体、たとえばペプチドと呼ばれる小さなタンパク質で構成されている。本書ではこのシステムにもっぱら関心を向けることになる。スタートは単純な「餌分子」、すなわちaとbと名付けた単一の構成部品（単量体）と、存在しうる四種類の二量体、aa、ab、ba、bbで、これらはすべて外部から供給される。次いで、abbaやbabなどのもっと長い重合体があり、これらは餌集合から、二つの重合体の端と端をつないでもっと長い重合体を作る反応や、長い重合体が二つの断片にちぎれる反応によって作られる。しかしここで重要な点がある。長い生成物を作る反応が、このシステムを構成する重合体そのものによって触媒されるのだ。このシステムは集合的自己触媒作用を示すことになる。

（さらに単純な例として、abとbaという二種類の短い重合体が、aとbをつなぐ反応によって生成するというものがある。この場合、baを作る反応がabによって触媒され、abを作る反応がbaによって触媒される。この集合も集合的自己触媒作用を示す。）

図1・1のような集合では、どの重合体も自身の生成を触媒することはなく、集合が総体

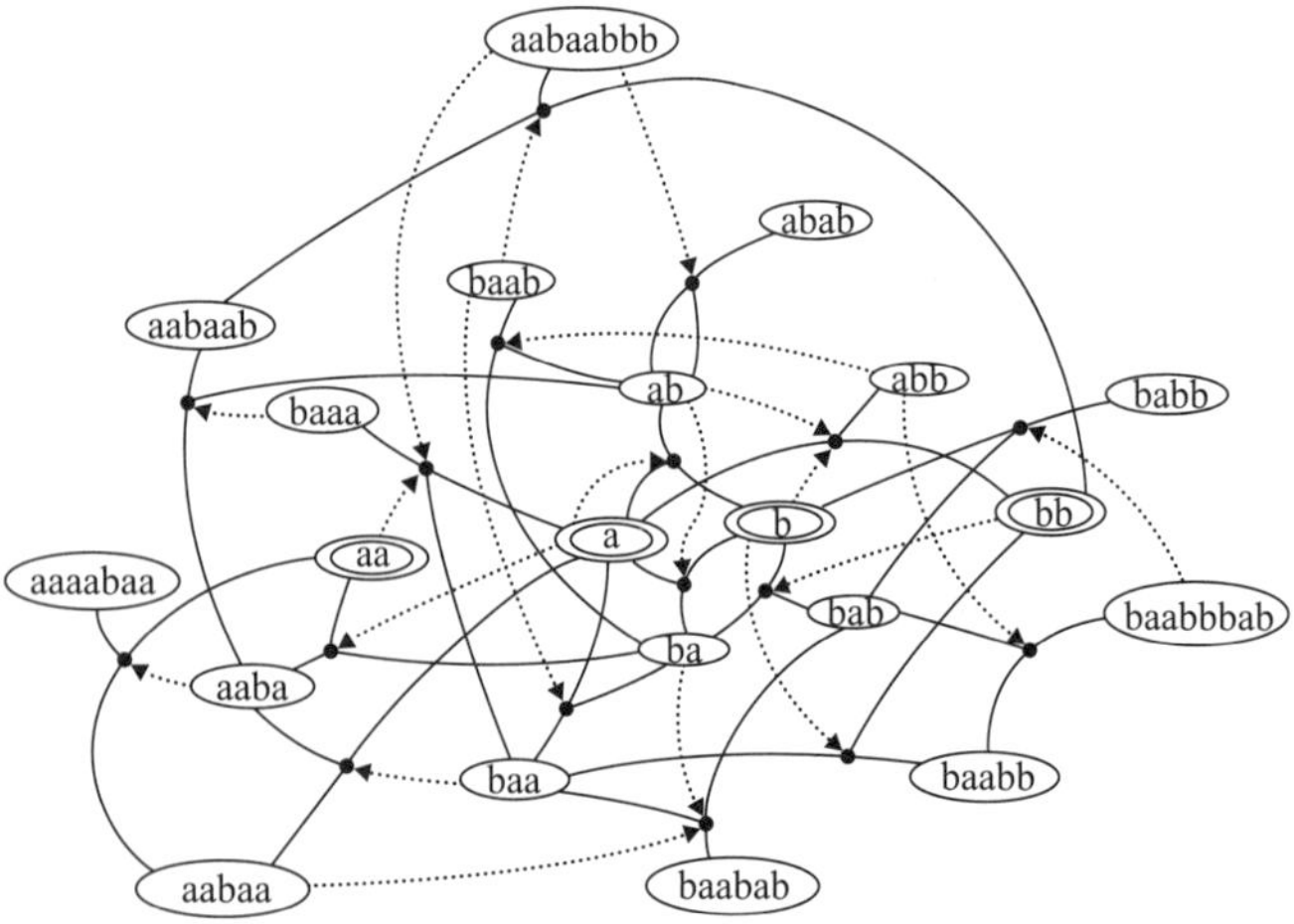

図 1.1 集合的自己触媒集合。文字は分子を、点は反応を表している。実線は、基質分子から反応を経て生成分子に至る。分子から反応へ至る点線の矢印は、どの分子がどの反応を触媒するかを表している。二重の円は外部から供給される餌の集合。ペプチドや RNA の機能は、シャーレ内の水を揺さぶることではなく、次のペプチドや RNA を生成する反応を触媒することである。

としてその生成を触媒する。反応を触媒する作用を触媒タスクとみなせば、そのすべてのタスクはいわば「触媒タスク閉回路」の中で共同的に実現している。そのようなシステムは「総体」であって、各部分の総和よりも大きい。その各部分のいずれにも、相互触媒作用の閉回路は見られない。この閉回路は集合的性質である。

このシステムは文字どおり、自らを構築して増殖できるのだ！　これはカント的総体であって、部分は全体のために、そして全体に頼って存在している。私はこれを、生命の起源、さらには生命の特質の中心的モデルとしたい。

集合的自己触媒集合は、十分に多様な化学スープの中でひとりでに創発する。そのようなシステムの例として、ペプチドやＲＮＡやＤＮＡからなるものが存在する。私はそのようなシステムが生命の起源に欠かせなかったのだろうと考えていて、それについてはのちほど詳しく論じることにする。

二人のチリ人科学者、ウンベルト・マトゥラーナとフランシスコ・ヴァレーラは、自身を作るシステム、「オートポイエーシス」という概念を導入した。集合的自己触媒集合は、オートポイエーシス的システムの例である。

自由生活するシステムは、オートポイエーシス的な集合的自己触媒システムである。遺伝可能な多様性を持ちうる場合、そのようなシステムは自然選択を受けて、進化する生物圏を作ることができる。

我々は単独で生きているのではなく、一緒になって生物界を形作っている。単独で生きている個体はいない。我々はみな、総体として進化して創発して展開する生物圏の中で、互いに結びついている。我々は互いが存在するための条件になっている。それゆえに我々はみな、原子より上のレベルの非エルゴード的宇宙の中で長い時間にわたり存在している。この生物圏は約三七億年にわたって安定的に増殖してきた。

これらの問題を考えていくと、物理学に基づく世界観を超えた領域へいざなわれる。聡明な物理学者のスティーヴン・ワインバーグは、物理学者の考えていることを次のように表現している。①説明の方向性はつねに、社会システムから人間、器官、細胞、生化学、化学、そして最後に物理へと、下向きである。②宇宙について知れば知るほど、目的がないように見えてくる。

なるほど。しかしこれらの主張には、大声で「ノー」と言いたい。本書で垣間見えてきたように、原子より上のレベルの非エルゴード的生物圏に出現するもの（心臓、視覚、嗅覚）は、それが一部分である生命体の生存とさらなる進化を手助けする上で、これらのシステムやサブシステムが果たしている機能的役割に頼って存在している。聴覚は、初期の魚において振動を感知する顎骨の進化を流用することで出現し、それらの骨が我々の中耳のキヌタ骨、ツチ骨、アブミ骨となった。三〇億年前、のちに聴覚が進化するなどとは誰も言えなかったはずだ。進化的創発を事前に言い当てることはできない。それでも現在、中耳骨は、原子より上のレベルの非エルゴード的宇宙の中で、聴覚を持つ生命体の生存と進化における機能的役割に頼って存在している。説明の方向性は、聴覚から物理学へと下向きではなく、聴覚を助ける器官の選択へと上向きである。その選択は、聴覚の進化に伴って生命体全体のレベルで作用した。それが理由でこの宇宙にそのような器官が存在するのであって、ワインバーグは完全に間違っているのだ。

聴覚の出現を事前に言い当てるのが不可能であることについては、のちほど立ち返ることにする。この事実から導かれるのは、生物圏の進化を「含意する」(論理的に導く)法則はいっさい存在せず、還元主義、すなわちワインバーグの最終理論の夢は間違いであるということだ。

機械としての世界

デカルトやニュートン以前、西洋の人々は、コスモスという、自分たちが一員である有機的総体を思い描いていた。それが教会の見方だった。しかしデカルトは、「レス・コギタンス」(思惟するもの)という概念によって、人間の心をそこから除外した。この世界の残りの部分、我々の身体やすべての動物と植物などは、「レス・エクステンサ」(延長するもの)、すなわち機械である。さらに、ニュートンの『プリンキピア』によって、アリストテレスの言う四つの原因——形相因、目的因、作用因、質料因——は、数式化された一種の作用因、すなわち、運動の三法則と万有引力の法則として表されるニュートンの微積分へと切り詰められた。この宇宙に存在するすべての粒子の位置と運動量を知っているラプラスの悪魔なら、過去と未来をすべて計算することができる。この世界は、忠実に軌道をたどる古典物理学の巨大な機械となった。こうして現代の還元主義が誕生した。有神論的な神は退き、代わりに理神論的な神が、この宇宙を作り、初期条件を選び、ニュートンの法則に引き継がせる。この神はもはや、この世界の中で奇跡を起こすことはできない。こうして科学と宗教のあいだの戦いが巻き起こり、のちにロマン派の反乱が起こった。キーツは「科学は杓子定規である」と見下している。

ワインバーグもこの伝統に則っている。科学的世界は機械であって、意味はいっさい持たない。シェイクスピアやあなたの小言を退けるものだ。

何と無謀なのだろう！　ここでのテーマは、意識と主体という大きな問題と関係があり、そのいずれもが機械的世界像には欠けている。何と無謀なのだろう。

物理学に基づく世界観に欠けているのが、主体という重要な概念であって、これについては後の章で考えることにする。主体が存在すれば、ワインバーグがどう言おうが、この宇宙には意味が存在する。我々は、複雑で繊細なゲームをプレーし合う主体である。石はゲームをしない。では、主体であるようなシステムはどのようなものでなければならないのか。複雑に編み込まれた生命のゲームを互いに進化させるには、どのようなシステムでなければならないのか。その複雑さが、この宇宙の複雑さの一部をなしている。

しかしさしあたりは、意識という重大な問題については無視しよう。たとえこの生物圏が意識を持たない生命体からなっていたとしても、進化はけっして世界的な機械ではない。原子より上のレベルの非エルゴード的宇宙では、生物的な世界は、我々の言い習わし、ラプラス流の方程式や計算、キーツが遺憾に思った杓子定規を超えて、生命自体が作り出す、爆発的に増える多数の隣接可能性へと広がっていく。進化する生物圏は、言い表せないレベルの複雑さ、それまで見たことのない物質とエネルギーの組織構成、すなわち進化する生命を探索するチャンスそのものへと「吸い上げられる」ようになる。この生物圏の進化は、有機的な「総体」である。そのメンバーが共同して、間接的な創発におけるまさに謎めいた過去に基づいて、総体としての生物圏がなるべきものへのさらなる道筋を作る。この生きた総体世界こそが、デカルトとともに失われたコスモスにほかならないのだ。

本書の残りを使って、この数段落で示した事柄を説明していくことにしよう。

第2章 機能の機能

奇妙で素晴らしい我々の存在に関する、おそらくもっとも深遠でもっとも厄介な疑問は、次のようなものだろう。この宇宙はどのようにして、物質から意味のある存在になったのか？ ワインバーグの言う、意味のない無感覚な宇宙の中で、どこから意味のある存在が生まれたのか？ 石は物質だが、石に意味はない。しかし、たとえ細菌が意識を持っていなくても、グルコースを食べる細菌にとってグルコースには意味がある。非生物的なビッグバン以後に意味のある存在が出現するようなシステムは、どのようなものでなければならないのか？

この問いかけの中には、物理学を超えた領域へといざなういくつかの疑問が隠されている——それらの疑問自体が理にかなっているとしての話だが。我々はたとえば、「心臓の機能は血液を送り出すことである」と言う。では「機能」とは何だろうか。そもそも血液を送り出すことは、心臓の「無感覚な」因果的結果にすぎない。だが心臓はまた、心音を立てたり、心膜の中の水を揺さぶったりもする。これらも因果的結果である。しかし機能ではない。箇潔に言うと、機能とは、生命体の一部分が示す因果的結果の部分集合である。では、どれが機能なのかはどのようにしたら分かるのだろうか。

この疑問は、生物学から物理学へ還元するという問題の中核をなしている。生物学的な意味での「機能」は、物理学には存在しない。ゴムボールを考えてほしい。丸くて弾性があり、軸を中心に回転でき、弾むことができる。しかし物理学では、このボールの機能は弾むことであるとは断言できない。また物理学では、川の機能は流れることであるとは断言できない。したがって、もし機能が生物学の正当な一部分であるとしたら、生物学を物理学には還元できないことになる。

答えを示そう。ヒトの心臓は、先ほど見たように、ヒトというカント的総体の一部である。そして、心臓のすべての因果的結果のうち、その総体を維持している因果的結果は、血液を送り出すことであり、ドクンドクンという音を立てることや、赤いことや、心膜の中の水を揺さぶることなどではない。したがって、血液を送り出すことは心臓の機能であって、因果的結果の部分集合である。だからこそ心臓も生命体も、原子より上のレベルの非エルゴード的宇宙の中で存在して存続しているのだ。

もっと一般的に言うと、何かが機能であるためには、我々やショウジョウバエなど何らかの生物のような、カント的総体の生存を助けるものでなければならない。

自己持続して自己創発するペプチドの自己触媒集合について再び考えてみよう。ペプチドの機能は、どれか別のペプチドの生成を触媒することであって、シャーレの中の水を揺さぶることではない。先ほどと同じく、ペプチドは自己触媒集合というカント的総体の一部であって、その機能は、その総体の持続を助けるような、因果的結果の部分集合である。

ここから二つの大きな結論が導かれる。①生物学で「機能」という概念が正当化できるのは、機能を持ったもの、たとえば心臓が、原子より上のレベルの非エルゴード的宇宙の中で、生命体——原子より上のレベルで増殖するカント的総体——における自らの役割に頼って存在するからである。したがって機能は確かに、正当な科学的概念である。②ある部分の機能は、一般的にその因果的結果の部分集合である。血液を送り出すことは機能だが、心膜の中の水を揺さぶることは機能ではない。

これは物理学とは大きく異なる。石が海に転がり落ちてその上を水が流れたとき、物理学者は何が起こったかを記述することはできるが、その出来事の部分集合を機能として選び出すことはできない。一方、カント的総体である自己触媒集合に含まれるペプチドの機能は、その総体の触媒的で機能的な閉回路を維持する上で果たす役割にほかならない。

物理学者にとって、心臓が血液を送り出すこと、水を揺さぶること、つやがあることなどは、すべて同じ地位にある。そしてそのいずれにも「意味」はない。

本書では、原子より上のレベルの非エルゴード的宇宙の中で何が「出現」するのかを見ていく。たとえば目や視覚のように、その機能を持つ生命体の生存を助けるがゆえに存在するようになった、次々に新しい事前言い当て不可能な「機能」を含む、進化する生物圏の中で、はたして何が出現するのだろうか。

ここに、物理学を超えるべき第二の理由がある。物理学は原理的に、聴覚や中耳骨など、出現したこれらの事前言い当て不可能な新たな機能を予測することはできない。そのため、やはり生物学を物理学に還元することはできないのだ。

過去三七億年のあいだ複雑さを高めてきたこの生物圏の急拡大する多様性は、もちろん物理に基づいてはいるが、それを超えた領域へと花開いていくのだ。

第3章

増殖する組織体

ビッグバン以後、何らかの方法で非生命から生命が出現したが、その方法を理解するのに我々は苦労している。ピュージェット湾に浮かぶクレイン島にある私の家の窓からは、シカ、サケ、ワシ、時折シャチ、アザラシ、サギ、モミの木、マドロナの木が見える。いずれも繁栄している。また、いずれも何らかの方法で、約三七億年前以降に地球上に出現した。ほとんどの科学者も私と同じく、生命は地球上で誕生したのであって、別の天体から種《たね》として撒かれたのではないと考えている。パンスペルミア説と呼ばれるその考え方は、もしかしたら正しいのかもしれないが、広い宇宙の中の最初の場所でどのように生命が誕生したのかは説明していない。これ以降、地球上であれどこか別の場所であれ、生命の起源に関するいくつかの説を説明していく。そのうちのいくつかは、集合的自己触媒集合の自発的創発に基づいていて、この章で紹介するテーマと直接結びついている。

生命は、非生命である宇宙を変化させる力を持っている。そして多様性を爆発的に増やす。生物圏の進化は、あなたの窓の外、近くや遠くで、生命の多様性の無秩序な創発をもたらしてきた。「もっとも美しい形態」とダーウィンは書いている。この世界の中で、この多様性はどのようにして出現し、生命はどのようにして、三七億年にわたって多様化しながらも安定に繁殖してきたのか？　ダーウィンの言う遺伝可能な多様性と自然選択は確かに作用しているが、そもそも遺伝可能な多様性と自然選択を起こすことのできる存在はどのようにして誕生したのか？　適者出現はどのようにして実現したのか（ダーウィンはけっして答えていない）？　そしてそれ以前に、生命はどのようにして出現したのか？　ひとたび出現してから、生命はそのプロセスの組織構成をどのようにして増殖させたのか？

私自身の著書『カウフマン、生命と宇宙を語る』（Kauffman 2000）を踏まえて、この後いくつかの章でこれらのトピックについて語っていく。生命は、物質とエネルギーを何らかの形で結びつける組織構成を増殖させ、新たな方法で自身を複製して文字どおり自身を構築する。木の種《たね》は、自身の内側から、のちに木となるものを構築する。どのようにして？　その木が産む子は、過去数億年をかけて新たな種類の木へと進化してきたものだ。どのようにして？　DNAやRNAやタンパク質、二重らせんや遺伝コードやセントラルドグマなどについては分かっているが、それでは十分な答えにはならない。細胞を丸ごと作るには、もっと言うと、多様化する生命体の進化する集団を何世代にもわたる繁殖を通じて生み出す生命体を作るには、細胞が丸ごと必要である。増殖するこの組織構成とは何なのか。増殖する組織構成、そして組織化する能力とは、いったい何なのか。

閉じた熱力学システムでは必然的に無秩序（エントロピー）が増加しなければならないと迫ってくる熱力学の第二法則と、生命は何らかの方法で部分的に協力しつつも、その一方でそれを打ち破っている。生命はどのようにして、この法則をはぐらかしながらも回避しないでいるのだろうか。

その答えの一部は、すべての生命システムは開いた熱力学的システムであって、物質とエネルギーを取り込んでいるというものだ。言い換えると、生命システムは、瓶に入った気体分子が最終的に落ち着く、エントロピー最大でもっとも起こりやすい状態、すなわち平衡状態からは外れている。プリゴジンをはじめ大勢の人が示しているとおり（Prigogine and Nicolis 1977）、そのようなシステムは環境から勾配などの秩序を「食べて」、秩序を構築することができる。下から徐々に加熱した高粘性流体の中で対流パターンが自発的に出現する、渦巻やベナール渦などの非生命システムを見ると、そのようなシステムでは平衡から外れた際にパターンが出現することが分かる。プリゴジンはそれらを、自由エネルギーを散逸させることから、「散逸構造」と名付けた。

シュレーディンガーは有名な著書『生命とは何か』（Schrödinger 1944）の中で、生命は環境中の「ネゲントロピー」、すなわち秩序を摂取し、それを何らかの方法で生命システム中の秩序に変換すると述べている。

生きているシステムは組織構成を増殖させる。では、この「増殖する秩序」とは何か。生物学的組織構成の基礎とは何か。この基本的な現象を明らかにすることはできるのか。

前に触れたとおり、マエル・モンテヴィルとマッテオ・モッシオという二人の若い科学者が最近、束縛閉回路と呼ぶ、いままで欠けていた重要な概念を見つけたのかもしれない(Montévil and Mossio 2015)。この章では、この優れた概念に向けて構築を進め、そののちにそれに基づいて議論を進められればと思う。

仕事

初めに取り上げる仕事という概念も、掘り下げるまではとても単純に思える。仕事とは何か。物理学者に尋ねると、仕事とは、ある距離にわたって作用する力のことである。私がホッケーパックを加速させたとする。その物体の加速度の累計が、なされた仕事の量である。

しかしすでにここから謎が始まる。パックを加速させる特定の方向、たとえば北東という方向は、何が、または誰が選んだのか。「なされた仕事の量」では、この問題は片付かない。仕事がなされるためには、何か特定のことが起こって、パックが凍った湖の上で、ひとりでにあらゆる方向ではなく、北東方向に加速されなければならない。

その特定性はどこから生じるのか。ピーター・アトキンス(Atkins 1984)が次の大きな一歩を踏み出している。アトキンスいわく、仕事はものである!「仕事とは、エネルギーを限られた自由度へと束縛的に解放することである」。この言葉を理解するにはしばし時間がかかるだろう。

シリンダーとピストンがあって、そのあいだの空間に「仕事をする気体」が閉じ込められているとしよう。膨張する気体は、シリンダー内でピストンを動かすことで、ピストンに対して仕事をする。これが、エネルギーを限られた自由度へと束縛的に解放することである。物理学者の言う「自由度」とは、おおざっぱに言うと、いま可能な事柄という意味である。シリンダーがないと、熱い気体はすべての方向へ膨張する。仕事はなされない。しかしシリンダーがあれば、気体はシリンダーに沿った方向にのみ膨張して、ピストンを動かす。そして仕事がなされる。

境界条件、仕事、エントロピー

このシステムを調べる物理学者は、シリンダーに対しては固定された境界条件を、ピストンに対しては移動する境界条件を課すことになる。固定された境界条件は、シリンダーの位置を特定する。移動する境界条件は、シリンダー内で移動するピストンの位置を特定する。そうしてこの物理学者は、気体がシリンダー内でピストンを押し出しながらエネルギーが束縛的に解放されるプロセスの際に、このシステムでなされる仕事を計算する。

ニュートン以来、運動の法則は微分方程式と初期条件および境界条件という形で存在していることを思い出してほしい。ビリヤード台の上を転がる七個のビリヤード球がその一例である。初期条件は球の位置と運動量、境界条件は台の形状である。運動方程式を積分して、なされる仕事を計算するには、境界条件が必要である。

アトキンスが言っているのは、非平衡プロセスにおけるエネルギーの解放の束縛条件となる境界条件がなければ、仕事はなされないということである。

しかしここで、さらに考えなければならないことがある。気体が膨張して仕事がなされるとき、エントロピーは特定の形で増加する。もしシリンダーがそこになくて、気体がすべての空間方向に、すなわち、すべての自由度、可能性の空間全体、要するに至るところに膨張する場合には、エントロピーの増加量はさらに大きくなる。しかし境界条件があると、エネルギーの解放が限られた自由度のみに束縛され、その場合に限って仕事がなされる。その結果、束縛条件がなかった場合に比べてエントロピーの増加量は小さくなる。言い換えると、束縛条件によって、単にエントロピーが増加するだけでなく、解放されるエネルギーが仕事へと注ぎ込まれるということだ。ここでもう一つの重要な概念が登場する。この仕事の注ぎ込みが、生命が第二法則を「打ち破る」方法の一部なのだ。束縛条件があることで、エントロピーはやはり増加するものの、その増え方はゆっくりになる。束縛閉回路の概念に基づけば、生命がどのようにして複雑さを高めて、第二法則をよそにその秩序を広げるのかという疑問の答えの一部は、そこにあるのだ。

束縛条件と仕事のサイクル

物理学者は、シリンダーとピストンに境界条件を課しただけで後は放っておくことで、いわばずるをしている。そもそも、ビッグバン以後、そのシリンダーはどこから出てきたというのか。シリンダーをこしらえてエネルギー解放の束縛条件として使うには、仕事が必要である。ピストンをこしらえるのにも仕事が必要である。ピストンをシリンダーの中に差し込んで、シリンダーの上部に気体が入るように仕向けるのにも、仕事が必要である。物理学者はそれを無視し、これらがどうやって作られたかを考えもせずに単に境界条件を課す。蒸気機関車は、エネルギーの解放に対する束縛条件を多数持った大きな機械である。そして蒸気機関車を組み立てるには仕事が必要だ。

束縛条件が出現するのに必ず仕事が必要だとは限らないかもしれない。熱い溶岩は、凝固してチューブを作ることで、まだ融けている溶岩の流れを束縛することができる。しかしこれから見るように、生きている細胞は、実際に仕事をすることで、自身のエネルギーの解放の束縛条件を構築し、それによってさらなる仕事をおこなっているのだ。

したがってもちろん、束縛条件がなければ、仕事はなされない。そして多くの場合、仕事がなされなければ、束縛条件は生じない。

これを、「束縛条件と仕事のサイクル」と呼ぶことにしよう。

いまから、生きた細胞がどのように仕事をして、非平衡プロセスにおけるエネルギーの解放に対する束縛条件を構築し、さらにそのエネルギーを解放してさらなる仕事を構成するのかを見ていく。束縛閉回路の概念を目指して議論を進めていこう。

だがそれだけではない！　エネルギーを解放して仕事をするためには束縛条件が必要で、なされたその仕事はさらなる束縛条件を構築できるのだ！

さらにそれだけではない。この新たに構築された束縛条件は、さらなるエネルギーの解放を束縛することができ、それがさらなる仕事を構成し、それがさらなる束縛条件を構築し、と続いていく。こうして秩序が自己増殖するのだ！

機械はそのようなことはしない。自動車はその多数の部分の動きを束縛するが、新たな束縛条件を構築することはない。しかし生命はそれをやっている。

この後すぐに見るように、この仕事の増殖と束縛条件の構築は、一周して閉じたループとなりうるのだ！　したがって、一連の非平衡プロセスに対する一連の束縛条件は、それとまさに同じ一連の束縛条件を構築する仕事タスク閉回路を達成させることができる。束縛条件が仕事タスクを実行して、その仕事タスクが同じ束縛条件、つまり境界条件を構築するのだ。

このシステムは文字どおり自身を構築できるのだ！　これが、モンテヴィルとモッシオによる束縛閉回路という驚くべき概念である（Montévil and Mossio 2015）。のちほど、集合的自己触媒集合がまさにこの束縛閉回路を達成させる様を見ることになる。いまからそれに迫っていこう。

非増殖的仕事と増殖的仕事

図3・1に大砲と砲弾を示す。火薬が爆発し、大砲によって束縛された形でエネルギーが解放され、砲弾に対して仕事がなされ、砲弾が空中に飛び出す。そして砲弾が地面に衝突して穴を作り、土が熱くなる——飛行で残ったエネルギーによって。爆発は、発エルゴン的（エネルギーを放出する）、すなわち自発的なプロセスである。このとき、エネルギーは解放される。一方、砲弾の運動は、吸エルゴン的（エネルギーを必要とする）、すなわち非自発的なプロセスである。このとき、エネルギーは吸収される。砲弾の発射にはエネルギーの解放が伴い、地面に穴があくためにはエネルギーが必要である。

図3・2は、モンテヴィルとモッシオから拝借した形式図である。C_iはエネルギーの解放に対する束縛条件。いまの例では大砲である。C_iから、非平衡プロセスを表すA┈┈@┈┈>Bの@という記号に向かって、実線の矢印が伸びている。このプロセスは火薬の非平衡的爆発で、@という記号は、大砲C_iによるエネルギー解放の「束縛条件」を表している。この束縛

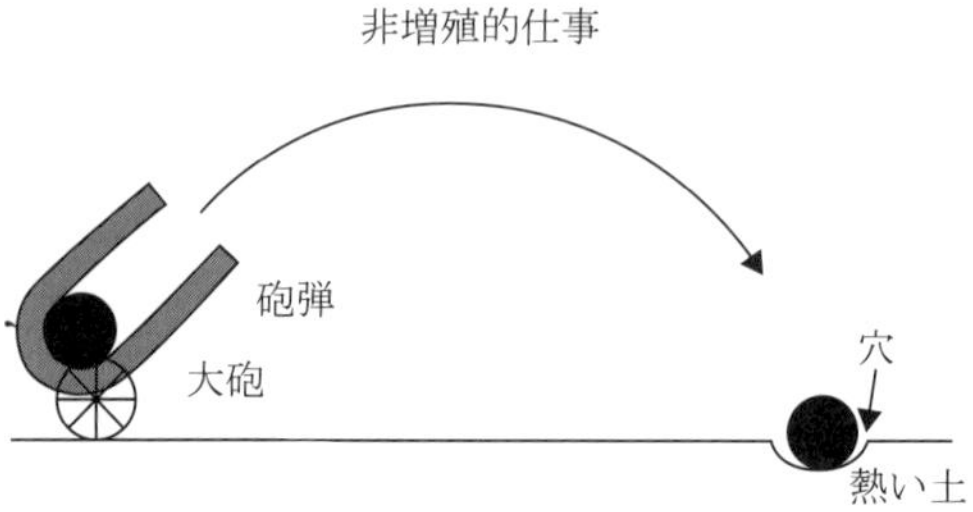

図 3.1　大砲が砲弾を発射して、砲弾が地面に衝突し、穴を作って土を熱くする。非増殖的仕事。Kauffman, Investigations（Oxford University Press, 2000）より。

大砲が、火薬の爆発によるエネルギーの解放を限られた自由度に束縛することで、大砲から砲弾が発射されるという仕事がなされる。

C_i ＝ エネルギーの解放に対する大砲の束縛条件

↓

A --@--→ B ＝ 束縛された非平衡プロセスが砲弾を発射させ、砲弾に対して仕事をおこなう。吸エルゴン的プロセス。

しかし、大砲と砲弾を作り、火薬を中に仕込み、大砲の中に砲弾を入れるには、**仕事**が必要である！

束縛条件がなければ仕事はなされない。仕事がなされなければ束縛条件は生じない。仕事と束縛条件のサイクルだ！

図 3.2　束縛されたエネルギーの解放が仕事をおこなう。

条件が非平衡プロセスに「作用」して、仕事がなされる。

ではここで、砲弾が地面に衝突して穴をあけて土を熱くするのではなく、もっと単純なことが起こるとしてみよう。砲弾が固くて大きな鉄板に衝突し、転がってから静止するのだ。この衝突によって鉄板は振動し、それが熱として消散する。何もなされず、地面に穴があくことすらない。砲弾が発射されたこと以外、この世界にマクロな変化は何一つ起こらない。

これを非増殖的仕事と呼ぶことにしよう。タスクが完了してもそれ以上は何も起こらない。

ここで再び図3・1を見て、大砲と砲弾、そして、砲弾が地面に衝突して穴があき、土が熱くなる様子について考えてみよう。砲弾の発射によって、この世界にはマクロな変化がいくつか起こる。この場合は地面に穴があく。

図3・2は、このプロセスを図示したものである。C_iは束縛条件としての大砲。C_iからの矢印が向かう先の非平衡プロセスA-----@----->Bは、火薬が爆発して砲弾が発射されたことによる非平衡的なエネルギーの解放。大砲による束縛条件@があるために、爆発する火薬は砲弾に対して仕事をおこなう。

図3・3は、私の発明品である。先ほどと同じ大砲が同じ砲弾を発射し、私が掘った井戸の上に私が作った羽根つき車輪にその砲弾が衝突する。砲弾は車輪を回転させ、井戸の底にあるバケツに私がくくりつけた赤いロープを巻き上げる。ロープが巻き上げられることでバケツが持ち上がり、車輪の軸に引っかかってひっくり返り、水がパイプに流れ込み、私の豆

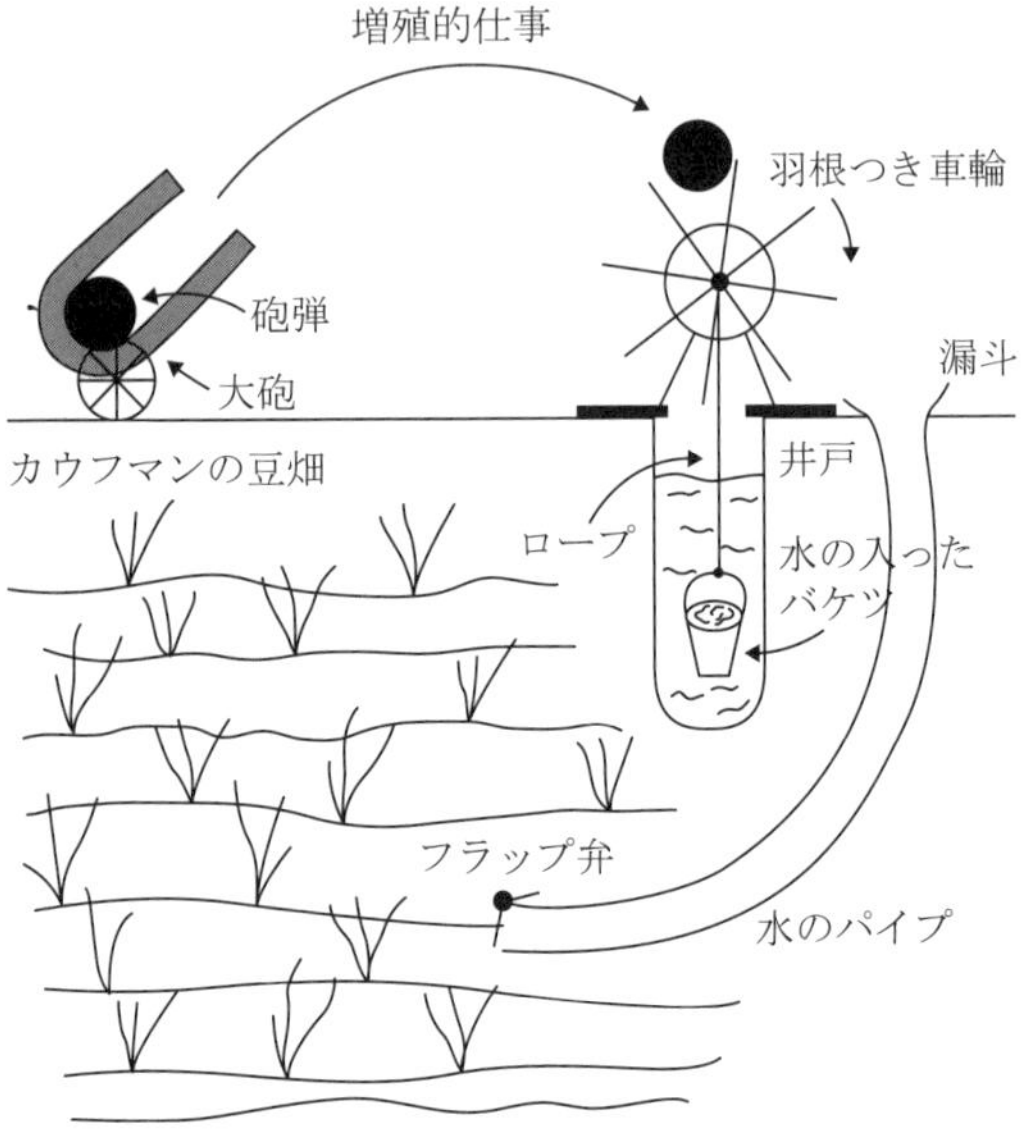

図 3.3 増殖的仕事。大砲が同じ砲弾を発射して、その砲弾が羽根つき車輪に衝突し、車輪を回転させるという仕事をして、軸に結びつけたロープを巻き上げ、井戸の中の水の入ったバケツにくくりつけたロープを巻き上げるという仕事をおこなう。バケツが軸に引っかかってひっくり返り、漏斗の中に水がこぼれ、パイプを流れ下って私の豆畑に水が供給される。Kauffman, Investigations (Oxford University Press 2000) より。

畑に向かって流れ下る。その水の流れによって、パイプの端にあるフラップ弁が開き、私の作物に水が供給される。

私がこの発明品に誇りを持っている理由がお分かりだろう。図3・3の仕掛けは、農業に利用されるだけでなく、増殖的仕事をおこなう。砲弾が鉄板に衝突してそれ以上何ら影響をおよぼさない場合と違い、先ほどと同じ砲弾の発射によって、この世界にたくさんのマクロな変化が起こっている。

それらのプロセスのうち、以下のいくつかは発エルゴン的である。①火薬の爆発、②私の豆畑への水の流入。一方、ほとんどのプロセスは吸エルゴン的である。①砲弾の飛行、②車輪の回転、③赤いロープの巻き上げ、④フラップ弁の開放。

これらのうちのほとんどのケースでは、束縛されたエネルギー解放によって仕事がなされる。①砲弾の発射は大砲によって束縛される。②車輪の回転は軸を中心とした運動に束縛される。③ロープの巻き上げは、回転軸に縛り付けられていることで束縛される。④フラップ弁の開放は、ちょうつがいの軸によって束縛される。このようにして、砲弾から豆畑へと段階的に仕事が増殖していく。

もっと言うと、束縛条件と仕事は、さらなる束縛条件を構築するという仕事をおこなうことができるのだ！　図3・1で土にあいた穴は、次に雨が降ったら泥の水たまりになるかもしれない。あるいは図3・4では、水がバケツから地面にこぼれて斜面を流れ下り、井戸

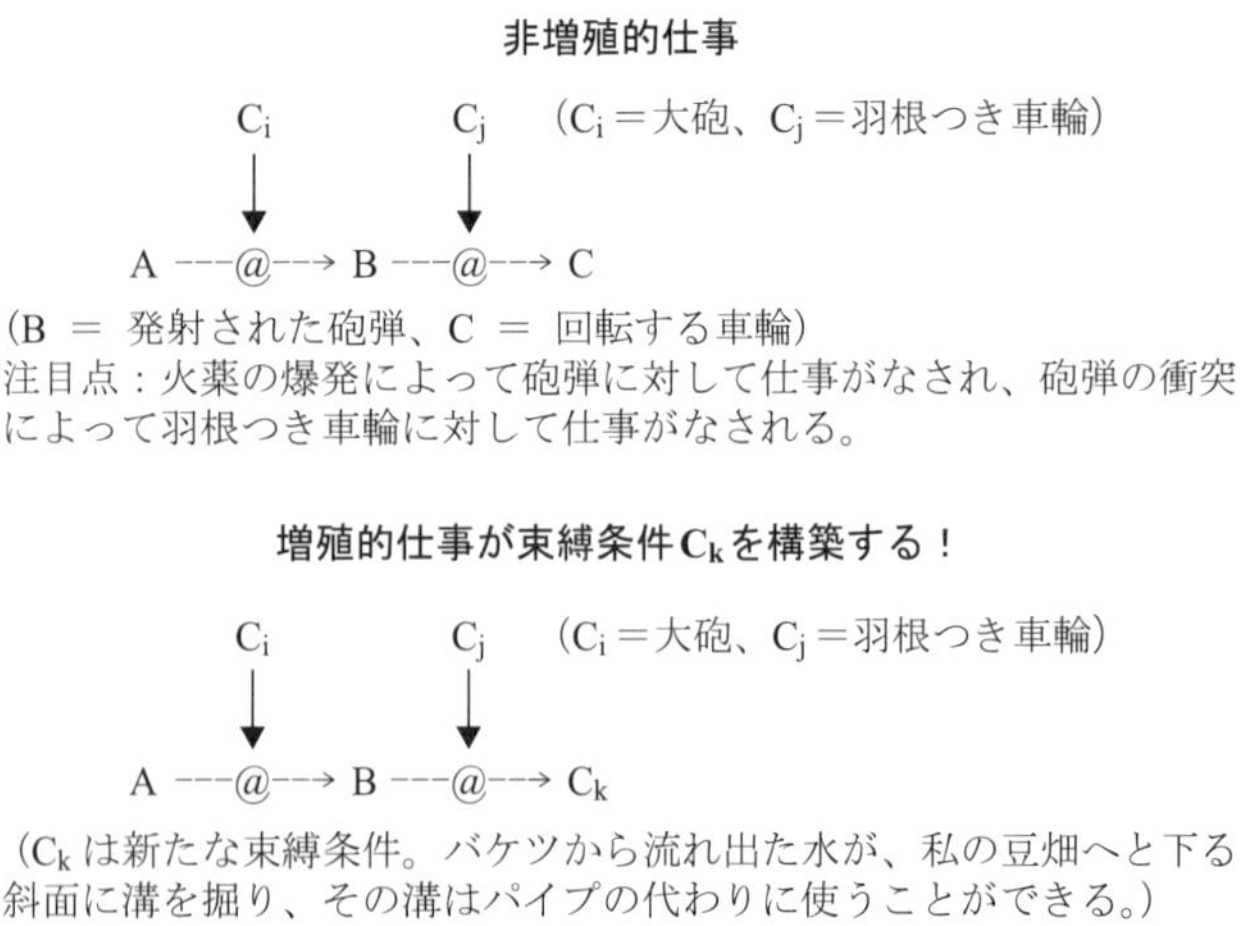
非増殖的仕事
C_i　C_j　（C_i＝大砲、C_j＝羽根つき車輪）
A ---@--> B ---@--> C
（B ＝ 発射された砲弾、C ＝ 回転する車輪）
注目点：火薬の爆発によって砲弾に対して仕事がなされ、砲弾の衝突によって羽根つき車輪に対して仕事がなされる。
増殖的仕事が束縛条件C_kを構築する！
C_i　C_j　（C_i＝大砲、C_j＝羽根つき車輪）
A ---@--> B ---@--> C_k
（C_kは新たな束縛条件。バケツから流れ出た水が、私の豆畑へと下る斜面に溝を掘り、その溝はパイプの代わりに使うことができる。）

図 3.4　増殖的仕事は新たな束縛条件を構築することができる。

の口から私の豆畑まで細い溝ができるかもしれない。そうなったら、畑に水を流すのに、パイプでなくその溝が使えるかもしれない。その溝は新たな境界条件となる。

一般的に、我々に馴染み深い機械は増殖的仕事をする。たとえば自動車の場合、気体が爆発してシリンダーの中でピストンが動き、クランク軸が回転して車輪が回転する。しかしそこでなされる仕事は、新たな束縛条件や境界条件を構築することはない。

最初のクライマックスへ向かう前に、もう一点。私の豆畑に水が供給された後、砲弾は藪の中のどこかに転がっていて、バケツは井戸の脇に落ちている。ここで大砲に火薬を追加して、私の豆畑に再び水を供給することはできるだろうか？　いいや、できない。砲弾を見つけて大砲の中に戻し、バケツを井戸の底に下ろさなければならない。要するに、熱力学的仕事サイクルと呼ばれるものを完了させなければならない。このことはすぐに必要となるので、覚えておいてほしい。

束縛閉回路——そしてさらに

これでようやく、モンテヴィルとモッシオの束縛閉回路にたどり着いた。それを図3・5に示す。この見事なアイデアも、いまや単純である。一つまたは複数の非平衡プロセスの中で互いに連結した一連の束縛条件を介して増殖する仕事は、さらなる束縛条件を構築するという仕事をおこなうことができる。したがって、その連結した一連のプロセスが一周して閉じているとしたら、このシステムは、仕事をおこなうエネルギーの解放の束縛に使われたのとまったく同じ、一連の束縛条件を構築できる。このシステムは文字どおり、束縛条件を含め自らを構築できるのだ。これが束縛閉回路である。

図3・5には単純なケースを示した。非平衡プロセスが以下の三つある。①A‥‥@‥‥>C_k、②D‥‥@‥‥>C_L、③G‥‥@‥‥>C_i。束縛条件も、C_i、C_k、C_Lの三つある。①C_iは第一のプロセスを束縛していて、その矢印は、C_iから、そのプロセスを表す矢印の@記号へと向かっている。②C_kは第二のプロセスを束縛している。③C_Lは第三のプロセスを束縛している。しかしプロセス3は、まさに第一の束縛条件C_iを作っている！　この一連の増殖的仕事

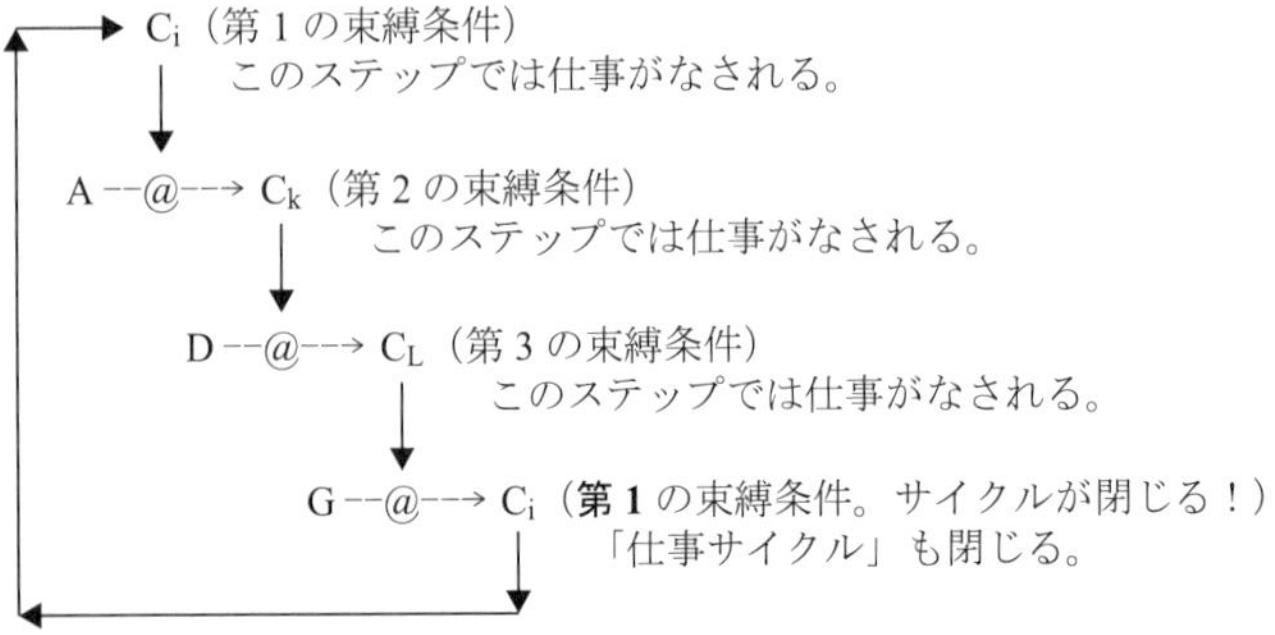
Cᵢ（第1の束縛条件）
このステップでは仕事がなされる。
A --@--→ Cₖ（第2の束縛条件）
このステップでは仕事がなされる。
D --@--→ C_L（第3の束縛条件）
このステップでは仕事がなされる。
G --@--→ Cᵢ（**第1**の束縛条件。サイクルが閉じる！）
「仕事サイクル」も閉じる。

束縛閉回路システムでは、一連の非平衡プロセスと、まったく同じ束縛条件（同じ非平衡プロセスに対する境界条件）を構築するという仕事をおこなうエネルギーの解放に対する束縛条件とが、組み合わさっている。これは非平衡自己構築システムであり、熱力学的仕事サイクルを進めて自身の各部分を構築し、それを作動する「総体」へと組み合わせるのだ！

これは自らを再生産することができる。この「機械」は、仕事サイクルを進めて自身の作動部品を構築し、それらを組み合わせる！　自動車はそのようなことはしない！　増殖する細胞はする！

図3.5　モンテヴィルとモッシオの束縛閉回路。開いた非平衡システム。

は、まったく同じ一連の束縛条件を構築し、それ自体がエネルギーの解放を、最初に仕事がなされたときと同じように束縛するのだ。

　プロセス1が束縛条件2を作り、プロセス2が束縛条件3を作り、プロセス3が束縛条件1を作る。このシステムでは、非平衡プロセスに対する一連の束縛条件が、それぞれのプロセスを利用して、まったく同じ一連の束縛条件を構築するという仕事をおこなうのだ！　これで束縛閉回路が達成された。

二つの閉回路

実はこれらのシステムは、二種類の相異なる閉回路を持っている。第一に、モンテヴィルとモッシオが指摘したとおり、束縛閉回路が存在する。この同じシステムが仕事をおこなって、そもそも仕事をおこなうのに必要な、まさに同じ一連の束縛条件を構築する。

しかしそれに加え、このようなシステムは「仕事タスク」閉回路を達成させる。図3・5の三つの非平衡プロセスに、三つの仕事タスクを実行させてみよう。それらの三つのタスクはすべて、一つのサイクルの中で実行される。これは仕事タスク閉回路である。

この場合の仕事サイクルは、必ずしも熱力学的仕事サイクルである必要はない。なぜなら、三つの仕事タスクがいずれも発エルゴン的であるかもしれないからだ。しかし、発エルゴン的仕事タスクと吸エルゴン的仕事タスクの両方が連結した仕事サイクルが関わっている場合もあり、その場合には熱力学的仕事サイクルが達成されることになる。

さらに、各ステップは熱力学的仕事である。そのため、タスク閉回路だけでなく、仕事サイクルも達成される。往復エンジンのような一部の機械は、仕事サイクルを働かせる。すべての機械がそうではない。単純な機械として、私が梃子と支点を使って錘を持ち上げても、仕事サイクルは達成されない。

自己複製の可能性——三つの閉回路

束縛条件と仕事タスク閉回路を持つシステムが自らを複製する能力も持ちうることは、いまや明らかになったと思う。このシステムは束縛条件を構築し、その束縛条件と非平衡プロセスを組み合わせて、自らと同じ一連の束縛条件を構築する仕事をおこなう。そしてそのプロセスの中で、仕事サイクルを働かせるのだ。

このすべてが生きた細胞の中で起こっており、この考え方は、のちに追究する分子複製の起源に関する説の中核をなしている。この後の章では、RNAやペプチドなど重合体の集合的自己触媒集合の自発的創発について説明していく。そのようなシステムは、束縛閉回路、仕事タスク閉回路、そしてこの後すぐに説明する触媒タスク閉回路という、三つの閉回路を達成させる。触媒タスク閉回路では、同じ一連の触媒を作るのに必要な触媒がすべて、自己触媒集合そのものに含まれている。以上が、生命のための三つの閉回路である。このシステムは文字どおり自らを構築する。生命の組織構成まであと一歩だ。

非神秘主義的全体論

束縛閉回路、仕事タスク閉回路、触媒閉回路という三つの閉回路は、その一部分のみのいずれにも見出せない「全体論的」特性である。三つの束縛条件C_k、C_l、C_iは、プロセス1、2、3の仕事タスク閉回路によって互いを構築し合う。このうちのどれを取り除いても、閉回路は失われてしまう。この「全体論」は謎めいてはおらず、欠かせないものである。細胞は総体である。

物理学の包括性と生物学の特定性

ジュゼッペ・ロンゴとモンテヴィル（Longo and Montévil 2014, Montévil and Mossio 2015）は、物理学の包括性と生物学の奇妙な特定性について書いている。いわく、「質量」は包括的概念である。ティーカップの質量と石の質量は等しくなりえる。落下に関しては、どちらも同等である。ロンゴいわく、質量、位置、運動量、そして運動の法則の対称性といった、物理学を構成する概念は、包括的である。一方で生物学では、ナマコはピサの斜塔からどれだけ速く落下しようがナマコである。ウサギはナマコではないが、どちらもガリレオの手から同じ速さで落下するだろう。

物理学では境界条件が必要だが、その由来は無視されがちである。生物学の特定性の一つは、細胞や生命体が、モンテヴィルとモッシオの束縛閉回路の中で自身特有の境界条件を作り出すことだ。ここで探究しなければならないものの一つが、細胞の境界条件である。それらの境界条件のおかげで、母ウサギは木でなく子ウサギを作る。

増殖するプロセスの組織構成

窓の外の世界を説明したいと思ったら、必要な事柄はもっとたくさんある。そのうちのいくつか、すなわち束縛閉回路や仕事タスク閉回路については、すでに見てきた。もう一つ、触媒閉回路についても触れたが、これは第4章で探ることにする。さらにのちほど見るように、中空の脂質小胞であるリポソームなどの「個体」の中にも閉回路が出現する。そしてそれが、遺伝可能な多様性を持ち選択を受けることのできる原始細胞を生み出す。これらすべてを備えた全体的システムは、自らの組織構成を増殖させて、多様化する生物圏を作り出すことができる。このようなシステムは、三つの閉回路のおかげで、文字どおり自らを構築する。そしてのちほど見るように、含意的な法則にいっさい支配されずに進化して、誰も事前に言い当てられないような生物圏を作り上げる。そうしてこの生命は、完全に自然で非神秘主義的な新しい生気論によって、再び命を宿す。ヘラクレイトスが言ったように、生きた世界はまさに流転するのだ。

第4章　生命の神秘を暴く

生命の起源というとてつもなく大きな問題は、意識の正体や宇宙の起源と並んで三つの深遠な謎の一つでありながらも、パスツール以前は問題ですらなかった。当時、生命はひとりでに生まれることがよく知られていた。激しい雨の後には、腐った木にウジがたくさん湧く。これ以上明白なことがあるだろうか。生命は自由に生まれるのだ。

パスツールはある見事な実験によって賞を獲得した。培養液を入れた無菌のフラスコを空気にさらすと、すぐに細菌が大量発生することが知られていた。そこでパスツールは、水を入れたフラスコの首の部分をS字型に伸ばし、空気中の細菌がフラスコの底に入れた無菌の培養液まで到達できないようにした。するといつまでも無菌のままだった。

生命は生命から生まれる、そうパスツールは断言した。

しかしもしそうだとしたら、最初に生命はどこから生まれたのだろうか？　こうして生命の起源の問題が誕生した。そして約五〇年間ほぼ進展がなかったのちに、ソビエトの生化学者アレクサンドル・オパーリンが、生命はコアセルベートというねばねばした液滴として誕生したという説を示し、J・B・S・ホールデンが、初期の海は有機小分子の原始的なスープだったと提唱した。生命の起源に関する講演では、原始的な培養液を入れたキャンベルスープ缶が引き合いに出されることも多い。

次の大きな一歩が踏み出されたのは、一九五〇年代のこと。若きスタンリー・ミラーが、有機小分子を水に溶かしてフラスコに入れ、稲妻を模した電気スパークを作用させて、そして待った。するとフラスコの中に、何種類かのアミノ酸を豊富に含む新たな分子の薄膜が生成した。ミラーはアミノ酸が非生物的に生成することを実証し、生命は生命からだけでなく非生命からも生まれうるという手掛かりを与えた。それから数十年にわたる膨大な研究によって、タンパク質やDNAやRNAの構成部品である糖やアミノ酸やヌクレオシドも、非生物的起源を持つことが明らかにされた。

それからまもなくすると、初期の地球に隕石が落下したことで豊富で多様な有機分子がもたらされたのかもしれないことが示された。たとえば、一九六九年にオーストラリアのマーチソン近郊に落下したマーチソン隕石には、一万四〇〇〇種類を超える有機分子が含まれている。したがって、有機分子のスープは宇宙からやって来たに違いない。原始のスープがどれほどの濃度だったかは分かっていないが、ほとんどの研究者は、地球上での非生物的な有機物合成と、地球形成中の隕石の落下が、単純な、および複雑な有機分子、すなわち生命の材料の二大供給源であると見ている。

いまだ解決していない次の問題は、分子複製の起源である。分子がどこから供給されたかは分かるかもしれないが、それらの分子がどのようにして自らをさらにたくさん作るのだろうか？　現在の細胞は、必要なDNAやRNAやタンパク質、触媒作用を受ける代謝機構によって結びつけられた数千種類の分子、さらには、細胞膜や細胞小器官の中で二重膜を形成する脂質から、細胞内の水に至るまで、無数の構造を有している。この細胞が総体として複製される。それはどのようにして始まったのだろうか。

RNAワールド

一九六〇年代後半に提唱された、生命の起源に関するもっとも分かりやすい仮説は、DNAおよびRNA分子の見事な構造に基づいている。これらの分子は有名な二重らせんを作る。ワトソンとクリックがDNAに関する一九五三年の論文の中で、控えめだが有名な言葉で示したとおり、「この分子の構造がその複製の手段を示唆していることから、関心を背けることはできない」。

実際のところ、DNAではA、T、C、Gという四種類の塩基が、AとT、CとGという有名なワトソン＝クリック塩基対を形成している。したがって、二重らせんの一方の鎖、いわば梯子の一方の棒に沿って、AACGGTというヌクレオチドの配列があったら、それはもう一方の梯子の棒のTTGCCAと相補的にマッチする。それぞれの鎖の上のヌクレオチド配列が、もう一方の鎖の上のヌクレオチド配列を決定するのだ。

RNAも同じで、やはり二重鎖らせんを形成することができる。RNAの場合、Tの代わりにUが使われる。そこで化学者のレスリー・オーゲルは考えた。試験管内の一本鎖RNA、たとえばCCGGAAAAが、自由なG、G、C、C、U、U、U、Uヌクレオチドを整列させて、酵素を使わずにそれらをGGCCUUUUへとつなぎ合わせ、新たな相補的RNA鎖を作ることができるのではないか？　ただし、作られたCCGGAAAA鎖はそれに相補的なGGCCUUUU鎖と結合しているため、複製するにはこの二つを引き剝がして一本鎖にしなければならない。そうなれば、この二つの一本鎖システムのそれぞれが、さらなるヌクレオチドと、GとC、AとUなどというように結合して、さらなる二重らせんを作り、それが分かれて新たにサイクルがスタートするだろう。まさに自己複製システムだ。

少なくとも理論上はそうなる。実験は単純で見事、そしてうまくいくはずだった。しかしけっしてうまくはいかなかった。それにはれっきとした化学的理由がある。DNAまたはRNAの二つのヌクレオチドどうしの結合は3'-5'結合で、これは熱力学的に2'-5'結合よりも作られにくいのだ。ここでこれらの数字は、ヌクレオチド上の各部位の原子を指している。2'-5'結合ができるとらせん構造が形成されない。CCCCCCCCはGGGGGGGGを作ることができるが、後者の一本鎖は折り畳まれて試験管内に沈殿し、二重らせんの形成を妨げる。ＤＮＡに似たＰＮＡという分子で試した人もいる。しかし約五〇年以上の間、誰一人成功していない。今後うまくいく可能性はあるが、この方向の研究は減速するかもしれない。

だがある大きな発見が、別の方向へと導いてくれた。細胞内では、タンパク質からなる酵素が触媒作用を発揮して、生命に必須の分子反応を加速させている。以前は、反応を触媒するのはタンパク質だけだが、そのタンパク質を作るにはＤＮＡ遺伝子とＲＮＡが必要だと考えられていた。しかし約二〇年前、一本鎖ＲＮＡ分子（リボザイムと呼ばれる）も反応を触媒できることが発見された。

生物学者は興奮した。ＲＮＡという同じタイプの分子が、遺伝情報を運ぶとともに反応を触媒することもできるのだ。もしかしたら生命は、基本的にＲＮＡという一種類の重合体から生まれ、それがそののちの足場を形作ったのかもしれない。これをＲＮＡワールド仮説という。

ＲＮＡリボザイム分子は自己複製できるかもしれないという、大きな期待が広がったのだ！　ＲＮＡ分子は、Ａ、Ｕ、Ｃ、Ｇというヌクレオチドが一列につながってできている。そのリボザイムが自らに作用して、ヌクレオチドごとにいわゆる「テンプレート複製」をおこなうことで、自己複製するという発想だ。

しかし、そのようなリボザイムを見つけられる望みはあるのだろうか。

いまでは誕生から二五年ほど経っている分子生物学のある素晴らしい分野が、その研究を推進している。既知のリボザイムからスタートして、その分子と、それに近いがまったく同じではない何百万種類もの多様な分子を含む「スープ」を作る。それを試験管内で何度も選択に掛け、変異実験をおこなう。たとえば、あるリガンドに結合する分子や、あるターゲットRNA分子のテンプレート複製を触媒できる分子を選択する。この分野は大まかに「コンビナトリアルケミストリー」と呼ばれている。この手法を使って研究者は、試験管内でリボザイムを進化させ、その生成物の一つが、自身をテンプレート複製できる酵素、すなわちRNAポリメラーゼとして作用するかどうかを調べている。

そのような分子が一種類見つかっていて、それは自身のごく一部を複製することができる。その分子が発見された際には、あるリボザイムからスタートして、それを穏やかに変異させて多様な分子の集団を形成させ、自己複製能力の何らかの微かな徴候を示すものを試験管内で選択した。そしてその選択した集団を再び変異させ、何回かのサイクルを経てさらに選択した。研究は初期段階だが、実際に前進している。

仰天の成功につながるかもしれない。簡単に言っておくと、RNAワールドは、分子複製の起源に関する私自身の見方とは異なるものの、見事な進歩ではある。

ポリメラーゼとして作用して、自身やほかのRNA分子を複製できるRNA分子が見つかるのは、おそらく間違いないだろう。彼ら研究者に、「もっと進めろ！」と発破を掛けてあげたい。

しかし私は疑ってもいる。第一に、これらの困難で恣意的な実験以外では、そのような分子はどれほど稀な存在なのだろうか？　自然界では私が恐れているくらいに稀――数兆種類のRNA配列のうちたった一分子――だったとしたら、いったいどのようにして出現して、生命の創造を引き起こしたというのだろうか。

第二に、現実に近い前生物的化学条件のもとでそもそも長いRNA一本鎖重合体が形成されるのかどうかも、未解決の問題である。第三に、そのようなRNA配列は進化の過程で安定なのか、それとも、自身の複製の際に自ら変異することで、分解してしまうのか？　この問題は、アイゲン＝シュスターのエラーカタストロフィーと呼ばれている。何年か前にマンフレード・アイゲンとピーター・シュスターが、次のことを示した。たとえば試験管内で選択を受けるRNA配列の変異率が大きくなっても、最初のうちはその集団は「マスター配列」にきわめて近い形に留まる。しかし変異率がある明確な閾値を超えると、その集団は道を外れて、次々に姿を変えていく。そうして、マスター配列の情報は失われてしまう。これがエラーカタストロフィーである。簡潔に問うと次のようになる。変異と複製のもとでRNAポリメラーゼは、マスター配列に近い形で安定的に複製されるのだろうか。

しかし問題はさらに悪い。アイゲン＝シュスターのエラーカタストロフィーは、変異率が一定の場合の話である。しかしRNAポリメラーゼについてはどうか。自らを複製するにつれて、変異率は上昇するはずだ。もともとのマスター配列を持つRNAポリメラーゼは、自己複製の際にわずかな確率でエラーを起こし、娘分子に変異を生じさせる。そのわずかに変異した娘ポリメラーゼは、もっとエラーを起こしやすい、つまり変異をもたらす可能性がもっと高いため、変異をさらに多く含む孫配列の集団を生み出し、それは、その親や最初のマスター配列よりもさらにエラーを起こしやすくなる。そのため、複製のたびに変異率は上昇していく。したがって、この配列集団全体はエラーカタストロフィーを起こし、当初の状態から急速に外れていく。それは容易に調べられる。E・サットマリー（私信、September 2017）によれば、理論研究でもこのカタストロフィーが起こるという。もしそれが正しければ、複製する裸の遺伝子は、エラーを起こしやすい自身の複製に促されて分解してしまうだろう。進化的に安定ではないのだ。

第四の、おそらくもっとも重要な点は、自己複製できるRNAポリメラーゼが、複製する裸の遺伝子にすぎないということである。無防備に漂う単なるRNA配列である。しかし、その裸の遺伝子がどうやって自らの周囲に、連結した触媒代謝機構と、RNA分子を収めるリポソームを形成する脂質の合成機構を集めて、原始細胞を形成するのだろうか？ RNAポリメラーゼからこれらの芸当へと至るあからさまな道筋は存在しない。

私の批判が致命的だとは思わないが、心配事であるのは間違いない。

脂質ワールド

生命の起源に関する第二の重要な研究の道筋は、ＲＮＡとは別の種類の分子から始まる。それは脂質である。脂質は、疎水性の（水を嫌う）末端と、親水性の（水を好む）末端を持った、長鎖の脂肪酸分子である。水中の環境下では、リポソームなどの構造体を形成する。リポソームは、細胞膜にそっくりな二枚の脂質層でできた、中空の「泡」である。それぞれの層の疎水面がもう一方の層の疎水面と向かい合っていて、二枚の親水面はリポソーム内外の水環境に露出している。

つまりリポソームは、脂質からなる中空の小胞である。驚くことに、マーチソン隕石から抽出した脂質がこのリポソームを形成できることをデイヴィッド・ディーマーが実証し、宇宙には生命の構成部品が豊富に存在するかもしれないことが示された。さらに、たとえば雨風にさらされる砂の表面でウエット＝ドライ・サイクル（湿ったり乾いたり）が繰り返されると、リポソームはＤＮＡなどの重合体を、二重層を通過させて中に取り込むことができる。これについてはのちほどもっと説明しよう。

リポソームはある単純な芸当をやってのける。水で満たされた領域を内部に閉じ込めて、外界から隠すのだ。そうすることで、その内部領域に捕らえた分子が、開放された水媒質の中で起こるように拡散してなくなってしまうことを防ぐ。生命の起源に関心を持つほとんどの人は、分子複製がどのようにして始まったにせよ、そのようなシステムがリポソームの中に収められていたら都合が良いという考え方を高く買っている。この後、このテーマに関する、デイヴィッド・ディーマーとブルース・デイマーによるいくつかの見事なアイデア（Deamer and Damer 2015）を紹介する。

さらにそれとともに、リポソームは成長して出芽することで二個のリポソームを作り、自己複製を達成できる。この研究は、ルイジ・ルイシとディーマーによっておこなわれた。リポソームのこの複製能力は、脂質ワールドという考え方の中核をなしている。

ドロン・ランセットは、ＧＡＲＤ（段階的自己触媒複製領域）モデルと呼ばれるものを研究している（Segre, Ben-Eli, and Lancet 2001）。このモデルでは、脂質分子が集合的自己触媒集合の中で互いの生成を触媒し、それと同時に球形の塊を形成する。数値的証拠によれば、このモデルは分子構成比を進化させることができるらしい。ＧＡＲＤにおける進化は、脂質ワールド説における前進の一歩となる。

脂質ワールドにもいくつか問題点がある。脂質から、ＤＮＡやＲＮＡ、ペプチドやタンパク質といったほかのおもな種類の重合体へと至る方法が定かでないのだ。脂質ワールド説は、容器を作る方法は示しているが、中身を作る方法は示していない。そこでさらに先へ進んで、私が一九七一年に最初に導入して以来、私自身やほかの人たちがかなりの研究を重ねてきた、分子複製の創発に関する一つの理論に目を向けなければならない（Kauffman 1971,

1986, 1993; Hordijk and Steel 2004, 2017; Serra and Villani 2017; Vasas et al. 2012)。

ランダムグラフの連結性

その考え方を紹介する最初のステップは、ポール・エルデシュとレーニ・アルフレード(Erdős and Rényi 1959)による、ランダムグラフというものの進化に関する研究に基づいている。

グラフとは単に、点の集まりを線で結んだ、もっと正式な言葉で言えば、頂点Vを辺Eで結んだ、数学的物体である。ランダムグラフとは、頂点の集まりを辺の集まりでランダムに結んだものである。

エルデシュとレーニは、辺と頂点の比E/Vが大きくなるにつれて、つまり、点を結ぶ線が増えるにつれて、ランダムグラフにどのようなことが起こるかという問題を考えた。その様子を図4・1に示す。結果は目を見張るものである。E/Vが0.5未満の場合、グラフには、互いに連結していない「構成要素」が多数存在する。しかしE/Vがこの閾値を超えると、連結した構造が出現する。つまり$E/V=0.5$で相転移が起こり、連結した小さな塊が突然合体して、グラフの巨大構成要素と呼ばれるものを作るのだ。また$E/V=0.5$では、たとえばA–B–C–Aといったさまざまな長さのサイクルも出現する。

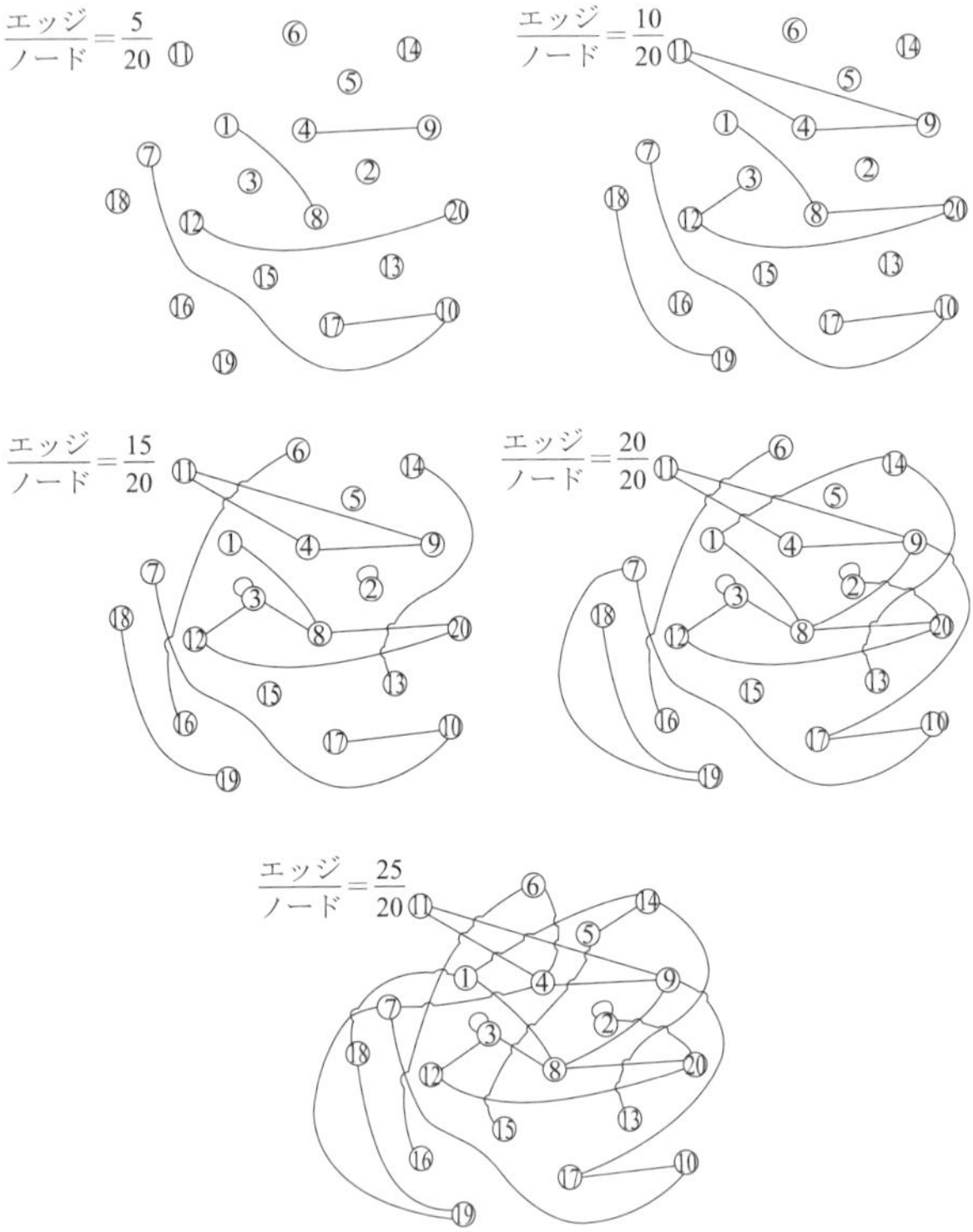

図 4.1　ボタンの糸通し相転移。エルデシュとレーニは、N 個のノードが E 本のエッジで結ばれている「ランダムグラフ」が、エッジとノードの比 E/N が大きくなるにつれてどのように進化するかを調べた。E/N を 0.0 から 1.0 に、そしてさらに大きな値に増やしていくと、E/N = 0.5 のときに「一次相転移」が起こる。この値になる前では、ノードが連結してできた小さな塊が大きさを増していく。そして E/N = 0.5 のときに突然、多様な「サイクル」を持つ大きな塊、「巨大構成要素」が形成される。E/N をさらに大きくすると、残っている孤立したノードがこの巨大構成要素につなぎ合わされていく。

直観的に考えて、線の両端の個数 $2E$ が頂点の個数 V に等しくなれば、$E/V=0.5$ になる。この時点で、連結した巨大な構造が出現する。

もののあいだに次々に連結が作られていくと、突然、多数のものが直接的または間接的に結ばれるというこのおおざっぱな考え方を、いまから拝借することにしよう。まずはこの考え方を使って、システム内の分子種の多様性が大きくなるにつれ、集合的自己触媒集合が予想どおり出現することを導く。

集合的自己触媒集合が突然出現するという、かなり都合の良い考え方に私がたどり着いた経緯については、いままで一度も書いたことがなかった。それは一九七〇年のことで、すでにＤＮＡの構造はよく知られていた。私は考えた。ＲＮＡワールド仮説のとおり、生命は必然的にＤＮＡやＲＮＡのテンプレート複製に基づいているのか？　もし自然法則がわずかに違っていたら、どうなるのか？　仮に、この宇宙を支配していると宇宙論学者が言う二九個の物理定数（電子の電荷や光速など）のうちのいくつかがわずかにでも違っていたら、やはり複雑な化学は形成されるものの、ＤＮＡやＲＮＡや二重らせんそのものは作られないとしよう。そうしたら生命は誕生不可能になるのだろうか？

絶対にそんなはずはない、と私は考えた。生命はもっと基本的でもっと一般的な存在のはずだ。外部から供給される構成部品からの高速生成反応を互いに触媒することのできる、どんな分子の集合からであっても、生命は出現するはずだ。したがってこの宇宙に必要だったのは、原子、分子、反応、触媒、そしてほかの何かである……。

こうして私は、二元重合体モデルというものを思いついた。その中核をなすのは、ペプチドやRNAなどの単純な配列である。たとえばabbabbaというもの。次に、この抽象的な重合体が起こすことのできる単純な反応を定義する。たとえばab＋bab＝abbabやabbab＝ab＋babといった、連結と切断である。ここで、システム内でもっとも長い重合体の長さNが大きくなるにつれて、反応の数と重合体の数との比R/Mも大きくなる（Rは反応の数、Mは分子の数）。したがって、重合体一個あたりの反応の密度はどんどん高くなり、チャンスが増えてくる。

ここで、何種類かの触媒を加えてこの反応プロセスを加速増強させてみよう。また、その触媒はシステム内のものと同じ重合体から構成されていて、それが、これらの重合体を互いに変換させるのと同じ一連の反応を触媒するとしよう。そうすれば、集合的自己触媒集合が出現するかもしれない！

実験器具を使ってこのアイデアを実験的に検証するのは、一九七〇年当時は不可能だった。そこで私はまず、単純なモデルとして、各重合体が各反応を触媒する確率を、すべて同じ一定の値Pとしてみた。のちにこの単純な仮定に手を加えたが、いずれのケースでも結果は揺るがなかった。

明らかにこのアイデアはうまくいきそうだった。点と線、つまり頂点と辺からなるランダムグラフがどのようにして相転移をするか、改めて考えてみよう。もっとも長い重合体の長さNが大きくなるにつれて、反応の数と重合体の数との比R/Mは大きくなる。各重合体が確率Pでそれぞれの反応を触媒するとしたら、どこかの時点で、重合体一個あたりの触媒反応の数がかなり多くなって、重合体一個あたり約一つの反応が偶然に触媒作用を受けるようになり、エルデシュ＝レーニの巨大構成要素に相当するものが出現するだろう。

すばらしい。

このモデルはうまくいった（Kauffman 1971）。シミュレーションをおこなって私はかなり興奮した。ところが一週間後、ある有名な理論化学者から、どうしてそんな無意味なことに時間を費やしているのかと言われて、一〇年間その研究をやめてしまった。月日は過ぎて一九八三年、インドで開かれた生命状態に関する学会のときに、フリーマン・ダイソンの優れた著書"The Origins of Life"（Dyson 1999）を読んで、一九七一年の私のモデルに似たアイデアがその中で提唱されていることを知った。そこで私は研究を再開し、単独（Kauffman 1986）、および一九八六年にはドワイン・ファーマー、ノーマン・パッカードとともに（Farmer, Kauffman, and Packard 1986）、シミュレーションの詳細を発表した。

この研究によって示され、のちの研究によってさらに練り上げられたとおり、ペプチドまたはＲＮＡ、あるいはその両方からなる、十分に多様な重合体の化学スープで相転移が起こると、複製する集合的自己触媒分子集合が出現するのだ（Farmer et al. 1986）。

そのような集合は興味深い性質を持っている。第一に、全体論的特徴を示す。どの分子も自身の生成は触媒しない。集合全体が、集合のすべての要素の生成を相互に触媒するのだ。この性質は、どれか単独の分子に備わっているのではなく、集合全体に分散している。

第二に、この集合内のある反応に対する触媒作用を触媒タスクと呼ぶことにすれば、このシステムは触媒タスク閉回路を達成させる。触媒されるべきすべての反応が、実際に触媒されるのだ（この後、この閉回路を、束縛閉回路および仕事タスク閉回路というほかの不可欠な構成要素と組み合わせる）。

第三に、このような集合は生命体と同じように非平衡システムである。ただちにエントロピーに屈することはなく、外界から供給される餌分子を摂取する。そのためこの非平衡システムは、分子複製によって自らを維持することができる。我々が生命と呼んでいるものにますます似ているように思えてくるではないか。

図4・2が、ファーマーらによる集合的自己触媒集合である（Farmer et al. 1986）。

当時おこなった研究（Kauffman 1993）では、先ほど示した単純な確率Pにとらわれずに各重合体が各反応を触媒する改良型モデルでも、集合的自己触媒集合が生じることが示された。この場合には、それぞれの重合体の配列がその二種類の基質とマッチしている必要がある。たとえばaaababは、一種類の基質の末端bbbxxxおよび、もう一種類の基質の末端xxxabaとマッチし、そのようなマッチングが存在するときに限ってこの重合体は、ある確

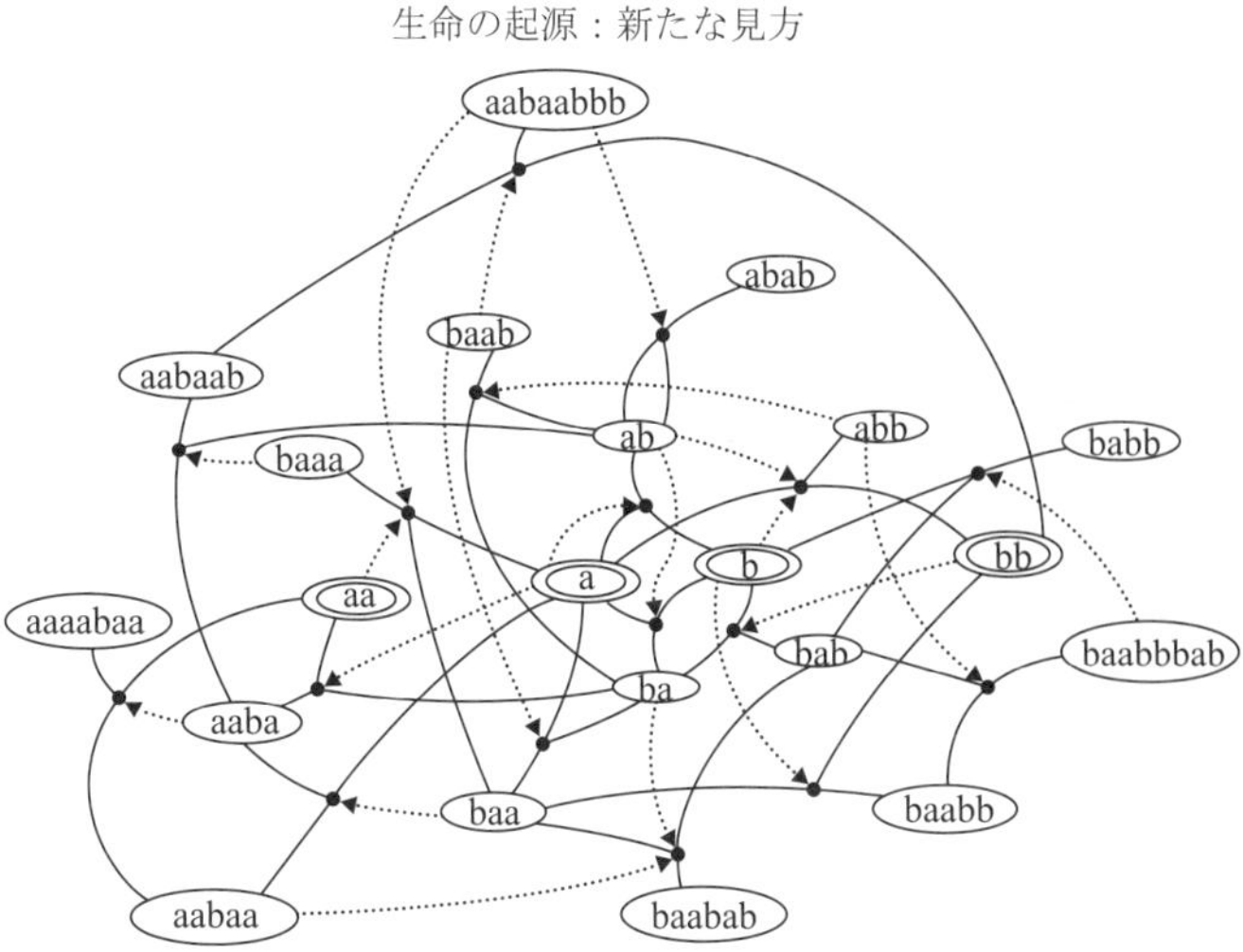

図 4.2　集合的自己触媒集合。丸で囲んだ二元文字列は分子、点は反応、実線は基質から反応を経て生成物へとつながっている。点線の矢印は、分子から、それが触媒する反応へとつながっている。二重丸を付けたものは、外部から供給される「餌集合」分子。この非平衡システムは、束縛閉回路と仕事サイクルを達成させる。それぞれの重合体の機能は、「次の」反応を触媒することである。

率でxxxbbbとabaxxxの連結を触媒する。

ここ五〇年にわたる研究によって、このモデルは堅固であることが示されている。細部をさまざまに変化させてもなお、自己触媒集合が容易に出現するのだ（Hordijk and Steel 2004, 2017）。

ホルダイクとスティールによるこの研究では、次のことが示された。集合的自己触媒集合をわずかに一般化させて、稀に自発的反応が起こることを認めた、RAF（再帰的自己触媒餌生成集合）と呼ばれるものは、多数の既約な（それ以上分割不可能な）RAFから構成されていて、それらが組み合わさってもっと複雑なRAFが作られている。それぞれの既約RAFは、一つの自己触媒ループと、尻尾のように飛び出した一種類の分子から構成されていて、その飛び出した分子は触媒反応によって生成するものの、それ自体は自己触媒作用に役割を果たさない。そしてRAF集合全体は、一つまたは多数の既約な自己触媒集合が互いに組み合わさってできている。

この理論に対して当初突きつけられた批判が、一種類の重合体が触媒することになる反応の数がNとともに大きくなってしまうように思われるというものだった。だがそれは化学的に考えにくい。そして実際にホルダイクとスティールが、それぞれの重合体が触媒しなければならない反応の数は約1.5から2にしかならず、理にかなった値に思われることを示した。

最近ヴァサスらが示したとおり（Vasas et al. 2012）、RAFは、その構成要素であるさまざまな既約RAFを獲得したり手放したりすることで進化でき、それらの既約RAFは選択条件のもとで個別の遺伝子のように機能する。要するに、集合的自己触媒集合は進化できるのだ。

ここからどんな結論を導くべきか。この理論はかなり理にかなっている。このシステムが自己触媒集合の中でペプチドとRNAを混ぜ合わせて、原始的な細胞に似たものに近づくことなどありえないとはけっして言えない。しかし重大な制約がいくつかある。第一に、この研究はすべて形式的なものであって、シャーレ内の実験でなく記号とアルゴリズムに基づいている。反応グラフの中に集合的自己触媒集合が出現するというのは、それはそれでいい。しかし実際の化学的な例では、複製に失敗するかもしれない。セラとヴィラニ（Serra and Villani 2017）は、構成成分の濃度が低すぎて効果を発揮しないかもしれないと主張している。しかし私たちはそのシミュレーションをおこない（Farmer et al. 1986）、複製する集合がかなり確実に出現することを見出した。それがさらなる研究の根拠となる。さらにホルダイクは（私信, September 2017）、ギレスピーアルゴリズムと呼ばれるものを使って単純な例を調べ、複製がきわめて確実に起こることを見出している。ギレスピーアルゴリズムを使うと、各分子種のコピーの個数がとても少ないような化学システムを調べることができる。ホルダイクとスティールが研究するRAFでは（Hordijk and Steel 2004, 2017）、非触媒反応がゆっくりと自発的に起こるため、集合の各要素が最初から存在している必要はない。最初からすべての構成要素が存在していなくても、そのような自発的反応によってＲＡＦが出現しうるのだ。とても有望だが、例のごとくかなりの研究が必要である。

第二の制約は、脂質ワールドとのつながりと、細胞に似た袋の中に分子を収める方法が、著しく欠けていることである。しかしその隔たりは、後の章で説明するデイマーとディーマーのアイデアが橋渡ししてくれるかもしれない（Damer and Deamer 2015）。

コンピュータから実験室へ

これまでに、ＤＮＡ、ＲＮＡ、ペプチドで集合的自己触媒集合が作成されている。それらを一つずつ掘り下げていこう。

ＤＮＡからなる集合的自己触媒集合

一九八〇年代半ば、Ｇ・フォン・キードロフスキーが（von Kiedrowski 1986）、実際のＤＮＡを使って初の分子複製システムを作成した。使われたのは、ＣＧＣＧＣＧという六個の塩基の配列である。フォン・キードロフスキーはこの六量体および、その半分ずつと相補的な二種類の短い三量体を合成した。すなわち、「左側」のＣＧＣに相補的なＧＣＧと、「右側」のＧＣＧに相補的なＣＧＣである。溶液中で六量体は、ワトソン＝クリック塩基対生成によってこの二種類の三量体と結合し、それらの連結反応を触媒して、新たな六量体GCGCGCを生成する。この新たな六量体を右から左へ読めば、最初の六量体とまったく同じである。したがってこの小さなシステムは、自己複製する。

この反応は自己触媒的である。さらにこの六量体は、二種類の三量体を連結させる単純な「リガーゼ」(結合反応を触媒する分子)として作用する。しかしこの六量体は、テンプレート複製によってヌクレオチドを一つずつつないでいくポリメラーゼとしては作用しない。したがってこの場合のDNAの分子複製は、RNAワールドで想像されるテンプレート複製を用いずに起こる。

それからまもなくしてフォン・キードロフスキーは、二種類の六量体からなり、そのそれぞれが互いを複製する、世界初の集合的自己触媒集合を作り出した。

結論として、小さい重合体からなる集合的自己触媒集合は、実際に構築して機能させることが可能である。

ペプチドからなる集合的自己触媒集合

タンパク質は自己相補的なDNAらせんと違って対称軸を有していないため、複製能力は持ちえないと考えられてきた。しかしこの根強い考え方は間違っていた。一九九五年にR・ガディリが、自己複製する小さなタンパク質を作ったのだ! スタートは、折り返してコイル状になり、らせんを作るタンパク質。ガディリは、そのコイルの一方がもう一方に結合して認識すると考え、そのタンパク質の二種類の短い断片（長さはアミノ酸三二個分）を一緒に培養した。すると、もとの長い配列がその二種類の短い配列と結合した。さらに、長い配列が、二種類の短い配列のあいだのペプチド結合の生成を触媒し、もとの配列の二つめのコピーを作った。このシステムは自己複製するのだ。

タンパク質にもできるのだ！

それから数年後、ガディリのポスドクであるG・アシュケナジーが、九種類のペプチドからなる集合的自己触媒集合を作った。それについては後で詳しく説明しよう。

結論として、小さいタンパク質からなるシステムの分子複製は明らかに可能である。したがって分子複製は、DNAやRNAやそれに似た分子のテンプレート複製特性に基づいている必要はない。さらに、アミノ酸の前生物的合成も、小さいペプチドの生成も、きわめて容易である。したがって、ペプチドの集合的自己触媒集合が初期に自発的に出現したという可能性は、真剣に取り上げる必要がある。

RNAからなる集合的自己触媒集合

最近、二つの研究によって、RNAからなる集合的自己触媒集合が実現された。リンカーンとジョイスは、前に説明した試験管内選択を使い、互いの二種類の断片を連結することで互いの生成を触媒するリボザイムのペアを進化させた（Lincoln and Joyce 2009）。

リーマンらは（Vaidya et al. 2012）、半分に切ると認識部位と触媒部位が別々になる一連のリボザイムを使って、驚きの実験をおこなった。認識部位はそのリボザイムの標的を認識し、触媒部位はそのリボザイムの触媒タスクを実行する。そこで、これらのリボザイムを半分に切った断片を、一緒に培養した。すると、ある種類のリボザイムの触媒部位が別の種類のリボザイムの認識部位と結合して、機能を有する雑種のリボザイムが作られた。そしてこのシステムは、単一の自己触媒リボザイムを生成したのちに、三種類、五種類、七種類からなる集合的自己触媒集合のループを形成したのだ！　多数のメンバーからなるＲＮＡ集合が、単一の自己触媒を駆逐するのだ。分子のプールから自己複製がひとりでに出現するという、注目すべき発見である。

したがって、ＲＮＡ分子も集合的自己触媒集合を作ることができる。

それでもリーマンのこの見事な実験は、高度に進化したＲＮＡリボザイム配列からスタートしている。目標は、進化していないＲＮＡ、たとえばランダムなＲＮＡ配列や、ランダムなペプチドなど別の分子、あるいはその両方を含むプールから、集合的自己触媒集合をひとりでに創発させることである。現在、それを目指して実験が進められている。濃度の低さによってそのような集合の出現が制約を受けるというセラの指摘を念頭に置いたとしても、実験によってまもなく、進化していないＲＮＡやペプチドなどの分子配列からの自己触媒集合の自発的形成が実証されるだろうと期待できる。

生命の三つの閉回路

第3章で、モンテヴィルとモッシオによる束縛閉回路という注目すべき概念について説明した（Montévil and Mossio 2015）。さらに第二の概念として、仕事タスク閉回路というものを導入した。束縛閉回路は、非平衡プロセスに対する一連の束縛条件が仕事をおこなって、同じ一連の束縛条件を構築するというものである。仕事タスク閉回路は、それを実現するためになされる熱力学的仕事タスクの集合である。いまから、集合的自己触媒集合がこれらの閉回路と、さらに第三の閉回路である触媒タスク閉回路を達成させることを示す。そのようなシステムは本来開いた非平衡システムであって、複製する。

ゴーネン・アシュケナジーは、イスラエルのベン・グリオン大学で、九種類のペプチドからなる集合的自己触媒集合を繁栄させている（Wagner and Ashkenasy 2009）。ペプチド1は、ペプチド2の二つの断片をつなぎ合わせて、ペプチド2の二つめのコピーの生成を触媒する。ペプチド2は、ペプチド3の二つめのコピーの生成を触媒する。ペプチド3はペプチド4に対して同じことをおこない、ペプチド5、6、7、8、9も同様、ペプチド9はペプチド1の二つめのコピーの生成を触媒して、触媒サイクルが閉じる。

こうして三つの閉回路が達成される。第一に触媒タスク閉回路が存在する。どのペプチドも自身の生成を触媒せず、触媒を必要とする九つの反応のそれぞれが、九種類のペプチドのうちの一つによって触媒されている。また、仕事タスク閉回路も実現している。それぞれの反応はタスクであり、連結した生成物の新たなペプチド結合の生成に見られるように、そのタスクを実行するために仕事がなされる。したがって、実際の熱力学的仕事のサイクルが進行している。さらにそれに加えて、それぞれのペプチドは触媒として、エネルギーの解放に対する境界束縛条件になっている。触媒は二つの基質断片を結合させる際に、それらを近づけて保持することで、連結反応のエネルギーポテンシャル障壁を低くする。これはまさに、エネルギーの解放を限られた自由度に絞り込む束縛条件である。大砲が砲弾を発射するときのように、触媒はエネルギーの解放を束縛する。したがって九種類のペプチドは九つの束縛条件になっていて、このシステムはまさにモンテヴィルとモッシオの束縛閉回路を達成させている。これらのペプチドは触媒として束縛条件であり、このシステムは、九つの反応のそれぞれにおけるエネルギーの解放に対する自身の束縛条件の、第二のコピーを構築する。

最後にこのシステムは、九種類のペプチドそれぞれの二種類の断片をたえず与えられることで、平衡状態から外れている。アシュケナジーの集合は、平衡からはるかに外れた状態で、束縛閉回路、仕事閉回路、触媒閉回路という三つの非局所的閉回路を実現している。これらは生命そのものの特徴だ。細胞も同じことをしている。

分子多様性の落とし子としての生命

ポリメラーゼとして作用して自身をコピーできるRNA分子は、複製する裸の遺伝子以上のものでも以下のものでもない。この見方による生命は、単純なところからスタートした。分子の多様性は最低限である。単一の配列でもおこなうことができる。それが作用して、神がそれを加速させるのだ。

しかしマーチソン隕石には、少なくとも一万四〇〇〇種類の多様な有機化合物が含まれている。初期の地球にも、隕石の落下やその場での合成によって、きわめて早いうちから同様の分子多様性があったのかもしれない。したがって分子の多様性は、ほぼ間違いなく存在していた。

集合的自己触媒集合の自発的創発に関する説は、明確に分子の多様性に基づいて構築されている。そのような集合が出現するのは、化学スープの多様性がある重要な多様性の閾値を超えて、構成要素間の反応の連結した触媒ネットワークが生じたときである。触媒閉回路、仕事タスク閉回路、束縛閉回路からなる全体論的存在は、この多様性の落とし子なのだ。

私は、生命は単純な裸の形で出現したのではなく、相互に触媒する反応のネットワークとして、複雑な総体という形で出現したのではないかと、強く感じている。初期の代謝機構を構成する有機小分子間の触媒反応ネットワークの形成に関する問題には、第5章で取り組むことにする。高い多様性と、触媒として作用できる多数の重合体が、代謝機構の形成を促すのかもしれない。まだ明らかになってはいないが、私はそれに賭けたい。

生命はおよそ二億年で出現した。生命への道筋はある程度確実なものであって、奥まったところに隠されてはいなかったに違いない。生命は分子多様性の落とし子だったのだろう。

「生命力」

一〇〇年少し前まで多くの科学者は、謎めいた「生命力」、エラン・ヴィタール、生気論を信じていた。しかし尿素の合成によって、生体有機分子も普通の化学物質であり、生命が何らかの謎めいた現象に基づいている必要はないことが明らかとなった。

我々は三つの閉回路によって、神聖な魔法などいっさい持ち出す必要のない全体論を手にした。集合的自己触媒集合では、この三つの閉回路は、どれか単一の分子の性質ではなく、複数の分子と反応が絡み合ってできた集合の性質である。私は、この三つの閉回路が一緒になって、謎めいてはいないが驚くべき生命力、「エラン・ヴィタール」を構成しているのではないかと考えている。このような非平衡システムは、エネルギーを限られた自由度へと束縛的に解放することで、実際の熱力学的仕事をおこない、自らを構築して複製することができる。

システム内の単一の分子や反応には、この三つの閉回路のいずれも見出されない。これらは「総体」の性質である。しかしやはり、謎もなければ新たな力も存在せず、物質、エネルギー、エントロピー、束縛条件、そして熱力学的仕事からなる新たな組織構成が一つの総体となっている。私が考えるに、それが生命そのものの中核である。

生命は本質的に、非平衡プロセスと、エネルギーの解放を限られた自由度へ制限して熱力学的仕事をおこなう境界束縛条件との、新たな結びつきにほかならない。しかし驚くことに、そのなされる仕事は、さらなる非平衡プロセスにおけるエネルギー解放の束縛条件を構築することができる。細胞のような複製システムでは、これらのプロセスと、閉じた組織構成が束縛的に構築されるプロセスとを結びつけることで、閉回路が達成されている。そのシステムはこの仕事をおこなうことで、自らの束縛条件を構築し、また複製して、触媒タスク閉回路を達成させる。

そのようなシステムは「機械」だが、物質だけでもなければ、エネルギー、自由エネルギー、エントロピー、境界条件だけでもない。これらの新たな連合体なのだ。

細胞は複製の際に、仕事のサイクルを進めて、物理的物体としての自らの近似的な第二のコピーを構築する。木は種《たね》から生長する際に、仕事のサイクルを進めて自らを構築する。これらは、仕事の増殖とプロセス組織構成の増殖の、生物界における実例である。進化する生物圏は、遺伝可能な多様性と自然選択のもとでの、この共構築増殖にほかならない。進化する生物圏はそのようにして、物理的に自らを構築して進化する。原子より上のレベルの際限のない非エルゴード的宇宙へと、複雑さと多様性を増していく。心臓もそうやって出現した。我々は「生命力」を見つけたのかもしれない。それは非物理的な謎ではなく、事前言い当て不可能な生成現象の驚異という、また別のたぐいの謎なのだ。

第5章 代謝の作り方

三七億八六三九万四三一〇年前の静かな午後、場所は、のちに西オーストラリアとなる地にある温泉。もっと正確に言うと、現地時間午後三時一七分のこと。

複製する裸のRNAリボザイムポリメラーゼ、ジェームズが、複製をしている。「一、二、一、二」とつぶやきながら、ヌクレオチドを一つずつつなげて自身のコピーを作っている。

「いやぁ一苦労だった」とジェームズは思い、新たに合成した自身のコピーを解き放つ。

「ここはどこだったっけ？　ああそうだ、すぐ始めなければ……。一、二、一、二」。ジェームズは再び自身のもう一つのコピーを作る……。

「さすがに飽きたなぁ」とジェームズはため息をつく。

「豊かで多様な代謝機構を持っていればなあ……。いやいや、自分にはそんなものはないんだ」

ジェームズは、自分が何かに取り囲まれて、自分の仕事をはるかに容易にしてくれる豊かな代謝機構の中に身を落ち着けられるにはどうすればいいかを、想像しようとする。もし代謝機構を持てば、自身のヌクレオチドを合成できるので、希薄な温泉の中でヌクレオチドが自分のところへ拡散してくるのを待っている必要はない。しかしどうすればいいのかは想像できなかった。

実際のところ、代謝機構はどのようにして出現するのだろうか。

複製する裸の遺伝子で何も悪いことはない。それはそれで祝福すべきだが、次の大きな一歩である、裸の遺伝子を支え、何らかの形で裸の遺伝子に支えられる、触媒化学反応の連結したネットワークの出現は、かなりの難題のように思える。

生命は先ほどのジェームスと違って、代謝機構のない不毛に近い環境の中で裸の遺伝子として出現したのではないのだと、私は提唱したい。先ほど述べたように、太陽系形成時に遠くからやって来たマーチソン隕石という小さな塊には、一万四〇〇〇種類の多様な有機分子が含まれている。この隕石が化学的に多様だとしたら、初期地球へのそのような物質の落下とその場での合成によって、あの温泉もそれと同じくらい化学的に多様だったことだろう。

あの温泉が化学的にきわめて多様だったのは間違いない。ではそれを活用して、第4章でやったように、自己触媒集合の起源と、連結した複雑な触媒代謝機構の起源について考えることはできるのだろうか？　代謝機構が自己触媒集合を助け、自己触媒集合が代謝機構を助けていたのだろうか？　その答えは「イエス」だ。

我々の代謝機構はほかの生命と同様、この多様性の落とし子であると私は主張する。

図5・1は、ヒトの代謝機構の様子を表したグラフである。点は分子種、線は反応である。代謝機構はこれらの分子のあいだの巨大な反応ネットワークであり、それらの反応のほとんどは、遺伝子にコードされた特定のタンパク質酵素によって触媒されている。

代謝反応は魔法のように起こるわけではない。それぞれの反応が起こるには、反応物が生成物よりも大きな化学エネルギーを持っている必要があり、そのエネルギーが反応に使われる。言い換えると、あらゆる代謝は、代謝シーケンスの一番上に化学エネルギーが入力されることで進められ、一番下から、化学エネルギーのもっと少ない生成物が出てくる。生物圏で一番上に入力されるエネルギーは、クロロフィルに捕らえられた光子によって供給され、続いて、高エネルギーの電子がＮＡＤＰ（ニコチンアミドアデニンジヌクレオチドリン酸）へ渡される。その電子が化学エネルギーを、代謝の鎖を通って下流へと運ぶ。最後のステップでは、クエン酸サイクルの中で電子が剥ぎ取られてCO_2が放出され、鎖の一番下から捨てられる。

これはどのようにして出現したのだろうか。

いまから提案するのは、分子の多様性がある閾値を超えたときに集合的自己触媒集合がひとりでに出現するという、第4章で説明したエルデシュ＝レーニ相転移とまさに同じたぐいのものとして、連結した触媒代謝機構は出現したという説である。集合的自己触媒集合は複製し、それによって、連結した総体として分子複製が創発するが、私は代謝機構もそのよう

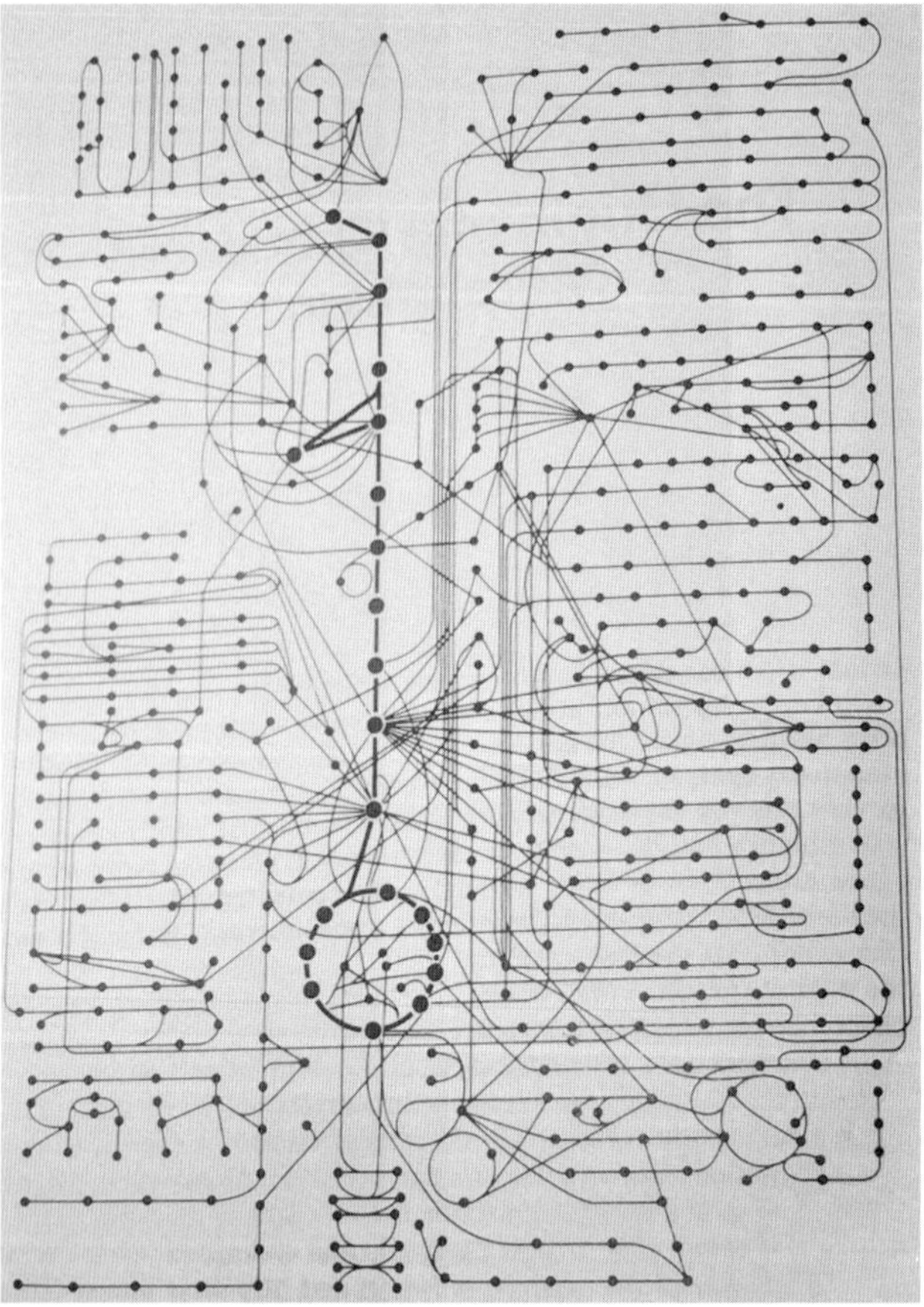

図 5.1　ヒトの代謝機構（Stuart Kauffman, The Origins of Order, Oxford UP, 1993）。

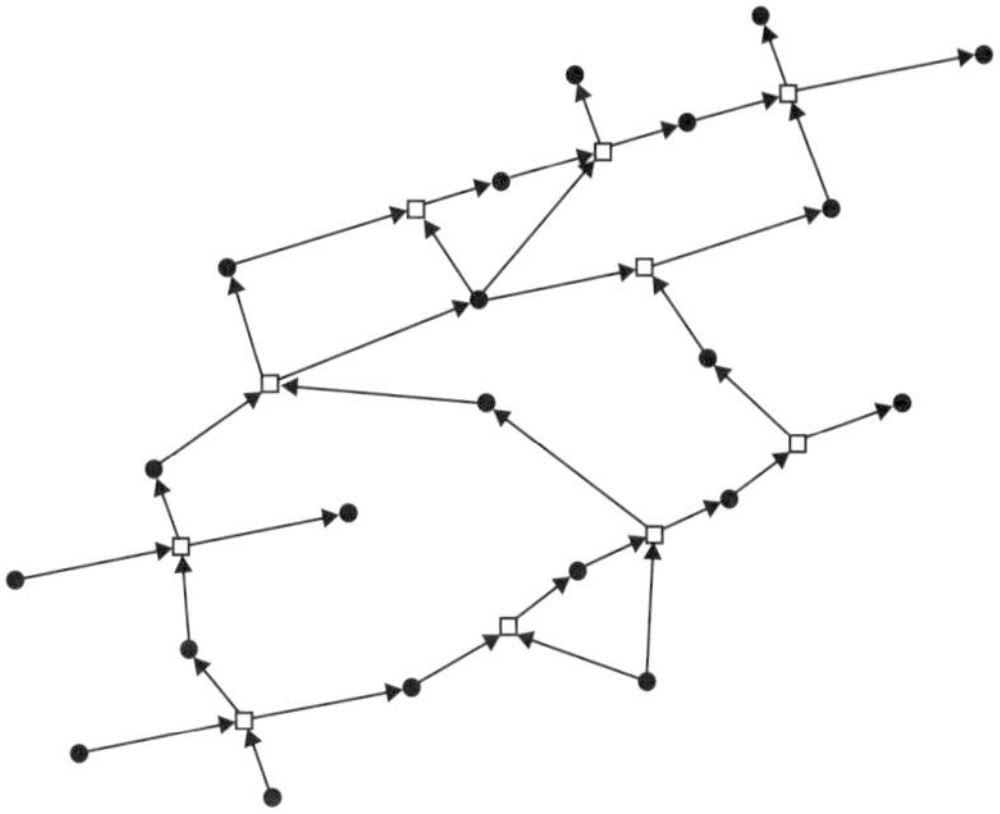

図 5.2A　化学反応グラフ：点＝分子、四角＝反応（例：アミノ酸を生成する小分子の反応）。

にして出現したと考えている。

この仮説は少々過激だが、完全に検証可能である。まずは我々の直感をこのアイデアに合わせるために、図5・2A、B、Cを見てほしい。

これらの図では、それぞれの点•が互いに異なる分子種を、四角□が反応を表している。黒い矢印は、基質を表す点からそれに対応する反応を表す四角へ伸び、さらにその四角から、その反応の生成物を表す点へと伸びている。このグラフは、点と四角という二種類の要素を含むことから、「二部グラフ」と呼ばれる。それぞれの点は四角のみへ、それぞれの四角は点のみへとつながっている。

図5・2Aではすべての矢印が黒であって、触媒反応は存在しないが、それでも反応はゆっくりと進むかもしれない。それらの反

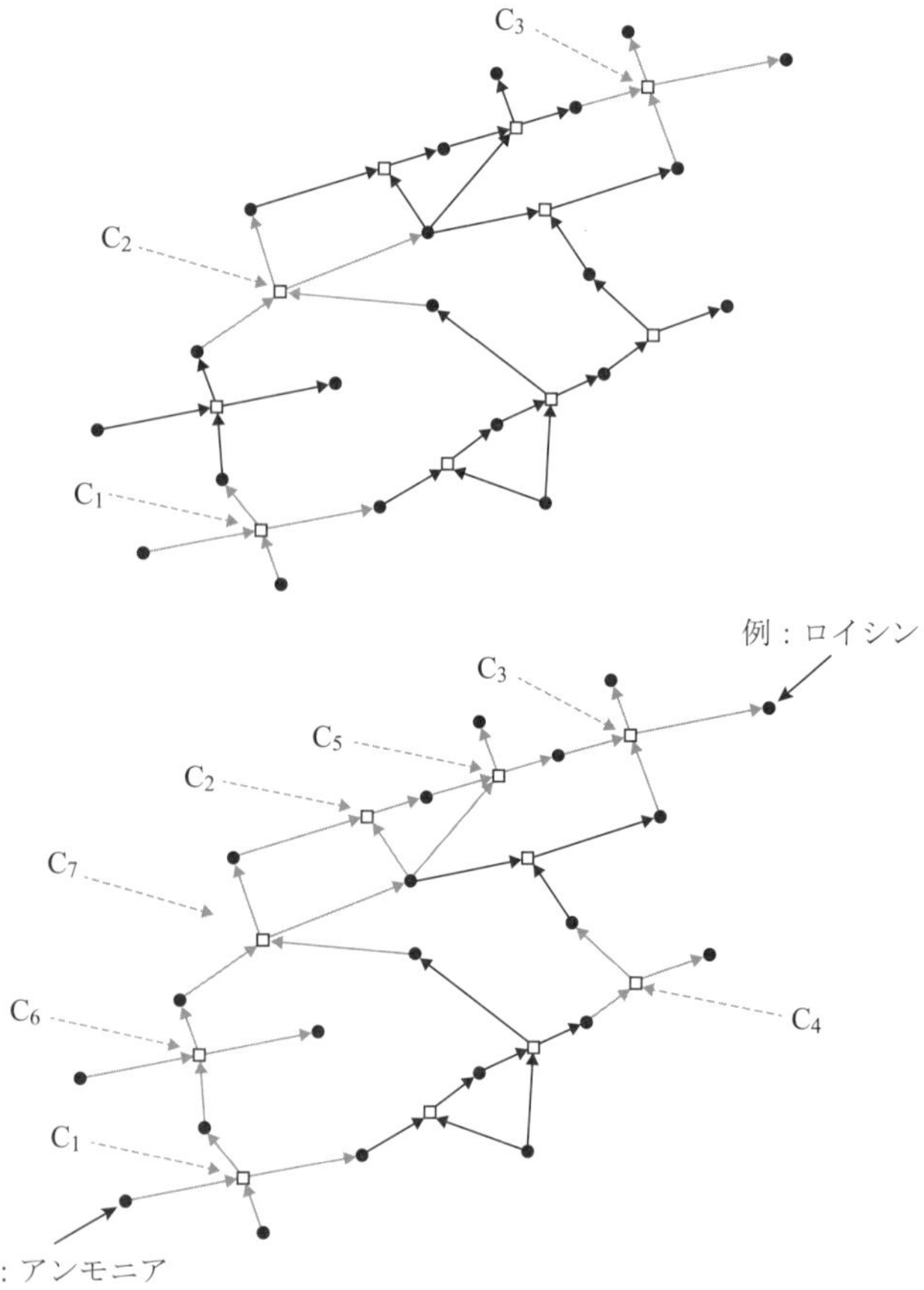

図 5.2B、5.2C　灰色の矢印は触媒反応。それぞれの触媒 C_i から、それが触媒する反応へと、点線の矢印が伸びている。それぞれの触媒は、束縛境界条件でもある。

応が可逆だとすると、矢印は実際の反応の方向性を示してはおらず、それぞれの基質と生成物の組み合わせにおける平衡状態からのずれを反映しているにすぎない。一方、図5・2Bと5・2Cでは、触媒反応の数が増えている。触媒反応を表す四角に出入りする矢印は、灰色で表している。

見て分かるとおり、図5・2Bでは、この「灰色になっている触媒反応部分グラフ」は、互いに切り離されたいくつかの灰色の構造体からできている。それぞれの触媒反応は急速に進むが、各灰色領域が互いに切り離されているため、異なる灰色部分ネットワークのあいだでの急速な分子の流れは起こりえない。しかし触媒反応が増えていくと（図5・2C）、相転移が起こってひとりでに秩序が現れ、触媒反応からなる大きな灰色のネットワークが図全体に広がる。

この触媒反応のネットワークは、「原始代謝機構」と考えることができる。原始代謝機構にすぎないのは、自己触媒集合などの自己複製システムとまだ連結していないからである。見通しの明るいスタートを切り、多様な分子のスープから原始代謝機構がひとりでに「具現化」するかもしれないことが示された。しかし、生命がどのように出現したかを提案したいのであれば、さらになすべきことがある。次のいくつかの段落で、さらにもう何歩か進むことにしよう。

第一に、この原始代謝機構を自己触媒集合と連結して、その集合自体の分子（ペプチドや

RNA）が、この連結した反応の触媒として作用するようにしたい。さらに、その代謝機構の生成物が自己触媒集合にフィードバックされて、一緒に「助け合う」ようにしたい。もしもそれが起これば、代謝機構と自己触媒集合が互いに支え合って共進化することができる。

図5・2Bと5・2Cでは、特定の触媒がそれぞれの反応を触媒している。ここでそれらの触媒は、集合的自己触媒集合から供給されるペプチドやRNAであってもかまわない。

簡単な例を示そう。仮に第4章のように、触媒の候補となるペプチドの集合Cがあって、その各ペプチドが図5・2Aに示した反応グラフ全体の中の各反応を触媒する確率が、Pという一定の値だったとする。触媒反応の数R_cは、システム内の反応の数Rに依存する。ここでは$R=10$とし、ある触媒候補がある反応を触媒する確率Pを10^{-2}、すなわち1/100とする。R_cはまた、システムに供給されるペプチド触媒候補の数Cにも依存する。Cはたとえば100としよう。すると、予想される触媒反応の数は$R_c=RPC=10$となる。したがってこれらの仮定のもとでは、図5・2Aのすべて、またはほぼすべての反応が触媒されることになる。これはエルデシュ＝レーニ相転移と同じ状況である。一〇種類の反応すべてが触媒されると予想されるため、このネットワーク全体が連結して、図5・2Cのように灰色の巨大な触媒反応構造が出現する。エルデシュ＝レーニ相転移の閾値を超えたことになるのだ。こうして、連結した触媒反応部分グラフが形成される。

この簡単な例から分かるとおり、反応の数Rがある程度多く、分子の数Nがそれよりもはるかに少ないような反応グラフが存在していて、N個の反応が触媒されると、連結した巨大な触媒反応グラフが形成される。触媒確率Pをどのように選んでも、それに対応してペプチドなどの触媒候補の数が十分に多ければ、それらのペプチドは連結した代謝機構の触媒として作用することになる。

CHNOPS

ここまでは、抽象的な分子と抽象的な反応を扱ってきた。しかしこのアイデアは、我々自身の世界にも通用するのだろうか？　生きていない培養液に実際の分子を追加していくと、そのスープが十分に多様になって相転移が起こる点に達し、化学物質からなる孤立した塊が突然つながって、連結した自己持続する触媒代謝機構が形成されるのだろうか？

我々が地球上で知っている有機分子は、炭素、水素、窒素、酸素、リン、硫黄——縮めてCHNOPS——の原子からできている。そこで、これらの原子を使って反応グラフを作ってみよう。いまだ仮想的なケースだが、具体的なケースへのさらなる一歩を踏み出すことになる。先ほどと同じく、分子種（実際の！）を点で、反応を四角で表し、基質から四角へ、四角から生成物へと黒い矢印を伸ばす。

分子はCHNOPSの原子からできているため、もう一つの変数として、分子一個あたりの原子の個数Mを導入しなければならない。

分子一個あたりのCHNOPS原子が最大M個であるような反応グラフを考える。たとえば$M=1$であれば、孤立した原子C、H、N、O、P、Sだけが存在する。$M=10$であれば、C、H、N、O、P、Sの中から選んだ最大10個の原子でできた分子が存在することになる。

容易に分かるとおり、Mがたとえば1から100へ増えるにつれて、分子種の数Nはきわめて急速に増大する。有機分子は四方八方に側鎖を生やした複雑な代物にもなりうるが、この段階では単純なままにしておこう。仮想的なケースとして、AとBというたった二種類の構成部品からなる直鎖重合体、すなわち一本の鎖を考えるのだ。この場合、最大M個の原子からなる分子は、2^{M+1}種類となる。

ここで、Mが大きくなるにつれて、N種類の分子種のあいだでの反応Rは何種類になるかという問題を考える。一般的に、RはNよりも速く増大する。そして反応の種類Rと分子種の種類Nとの比は、Mの関数として$M-2$となる(Kauffman 1993)。要するに、反応の種類と分子の種類との比は、このシステム最長の重合体の長さMにほぼ等しいことになる。簡単に言うと、分子の複雑さが大きくなるにつれて、分子一種類あたりの反応の種類は急速に増えていく。まさに望んでいたとおりの性質だ。

この時点ではまだ非触媒反応を扱っている。Mが大きくなるにつれて、この分子ネットワークはどんどん密になり、分子一種類あたりの反応の種類が増えていく。この事実が、

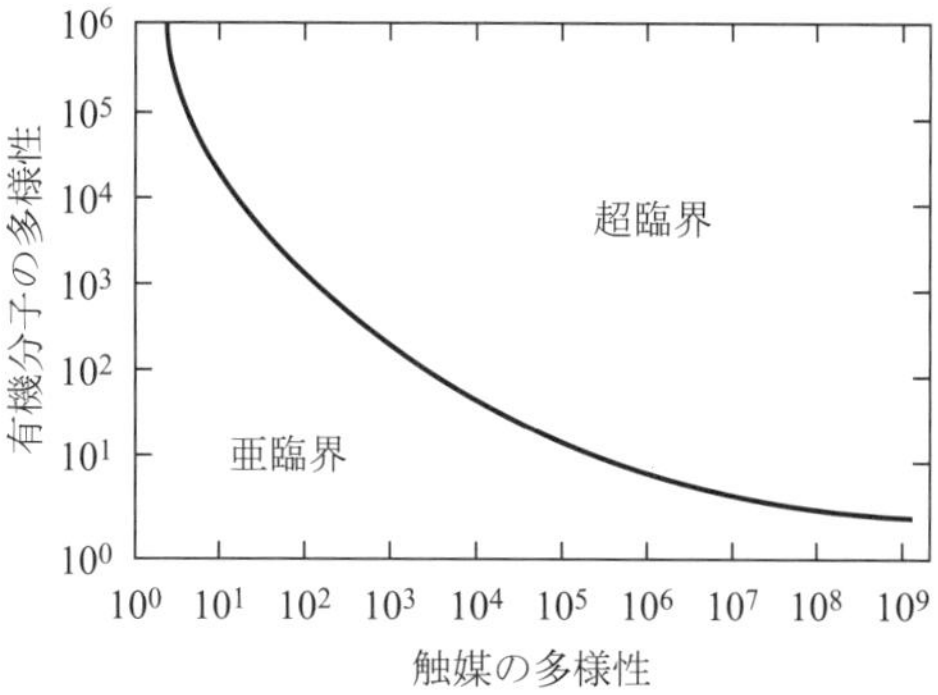

図 5.3 双曲線グラフ。

1. 基質と生成物を表す点。点はN個。
2. 反応を表す四角および、それと点とを結ぶ線。反応はR種類。
3. 二部グラフ。
4. CHNOPS ＝ 炭素、水素、窒素、酸素、リン、硫黄。
5. 分子 1 個あたり最大M個のCHNOPS原子からなるすべての分子（N種類）を考える。
6. Mに伴って、N（M個の原子からなる分子の種類）はどのように増えるか？
7. N種類の分子のあいだの反応の種類Rは？
8. 比R/Nは、Nの増加に伴って大きくなるはずだ（二元重合体モデルと同じ）。
9. R種類の反応のうち割合Fのものが触媒される。
10. 触媒反応部分グラフ。
11. FおよびNの関数として、触媒グラフの最大の連結成分の大きさは？
12. FおよびNの関数として、触媒グラフの系譜の分布は？
13. 系譜の分布がグラフ中の物質輸送におよぼす影響。
14. C種類の分子やペプチドの集合があって、それぞれの分子やペプチドがそれぞれの反応を確率Pで触媒するとしたら、P、M、Cの関数として触媒グラフはどのようになるか？

図 5.4 化学反応グラフ。

エルデシュ＝レーニ相転移の出現を促す。システムの中に十分な種類の反応が存在すると、偶然にそのうちの多くが、十分に多様な触媒候補の集合Cによって触媒されることになる。そうして、システム内の分子種どうしを結ぶ、灰色の連結した触媒反応部分グラフが出現する。CまたはMを大きくすることで、相転移が促されるのだ。

この様子を二軸座標系の仮想的な双曲線として表したのが、図5・3である。横軸は触媒候補の多様性C、縦軸は反応グラフに含まれる分子種の種類N。曲線より下側ではシステムは「亜臨界」で、エルデシュ＝レーニ相転移はまだ起こっていない。曲線より上側ではシステムは超臨界で、相転移がすでに起こっている。

このとおり！　分子の種類よりも多くの反応を持つ十分に多様な化学スープとともに、十分に多数の触媒候補を培養すると、全体論的に連結した触媒代謝機構がひとりでに形成される。ジェームズがひとりぼっちでもがく必要はないのだ。

CHNOPSの化学反応グラフについて知りたいことの大部分を、図5・4にまとめておいた。

反応グラフに関する推測を始める

先ほど見たように、十分に多様な分子のスープが存在すると、いくつかの分子が触媒とし

表 5.1　原子AとBの直鎖からなる仮想的な有機分子において、連結した代謝機構が具現化するのに必要な臨界値。

$\bar{P}=e^{-P(5000)(M-1)(1+2^{M+2})}=\frac{1}{e^{8}}<0.001$

P	M	2^{M+1}
10^{-4}	1.965	8
10^{-5}	3.81	28
10^{-6}	6.25	152
10^{-7}	8.98	1010
10^{-8}	11.85	7383
10^{-9}	14.83	58251

注　存在する触媒候補の種類は5000。仮想的な有機分子のこの数は、連結した代謝機構が出現するのに十分である。したがって、システム内の触媒の種類と有機分子の種類とを座標とする2次元空間において、Pのそれぞれの値に対し、連結した代謝機構が存在する領域と存在しない領域とを分け隔てる臨界曲線が決定される。

て作用するのにちょうど適した形になっていて、その結果、自己持続する化学反応ネットワークが形成されるチャンスがある。では、それが起こる確率は計算できるのだろうか。

Mが大きくなったときの、CHNOPSからなる実際の化学反応グラフの構造について、つまり、分子の種類とその中から出現する反応ネットワークとの関係については、いまだほとんど分かっていない。とりあえずここでは、二種類の原子AとBの直鎖重合体からなる単純な仮想的有機分子を使って、もっともらしい数値を計算してみよう（表5・1を見よ）。ここでは、五〇〇〇種類の触媒候補（C）からなる代謝機構が存在していて、原子の個数（M）と、一種類の分子が一種類の反応を触媒する確率（P）を変化させることができる場合を表している。表5・1の式（Origins of Order: Kauffman 1993で導出）は連続的できわめて非線形なので、Mの値は整数でなく実数として与えられ、整数値Mの近似値となっている。Mは分子一個あたりの原子の個数であり、分子システムの真の多様性Nの代用となっている。

見て分かるとおり、Pの値は10^{-4}から10^{-9}までの範囲である。つまり、ランダムに選んだペプチドがある反応を触媒する確率が、一万分の一から一〇億分の一までの範囲にあるということだ。$P=10^{-7}$で$C=5000$の場合、連結した代謝機構はわずか約一〇〇〇個の分子種からなり、分子種の最大の長さは単量体約九個分である。

おおざっぱに内挿すると、ペプチドによる弱い触媒作用の確率が10^{-5}の場合、数十種類の分子種からなる連結した触媒代謝機構が実現するには、$C=150$種類程度の触媒候補ペプチドがあればいいことになる。

期待が持てる結果である。我々がほしいのは、代謝反応を触媒する集合的自己触媒集合である。いまの場合、数十種類の小分子からなる代謝機構では、一五〇個の要素を持つそのような集合によってそれは実現できる。

これが第一歩となることで、集合的自己触媒集合が、それに隣接した、いわば「隣り合った」小さな代謝機構を触媒することができる。その代謝機構の生成物を自己触媒集合に供給できれば（のちほど論じる）、両者は共進化できる。自己複製システムと、それを支える連結した触媒代謝機構である。

以上の計算は、CHNOPSの実際の化学反応グラフに対するおおざっぱなモデルに基づいていて、きわめて荒っぽい。それでもこの単純なモデルには三つの目的がある。第一に、エルデシュ＝レーニ相転移は幅広い前提条件にわたって堅固であることを示している。第二に、実際のCHNOPS反応グラフに対する適切な理論計算によって、触媒候補の種類CとPの関数としての触媒反応グラフの予想サイズに関して、どのようなことが言えるのかを示している。そして最後に、このアイデアを実験で検証するにはどうすればいいかを示唆している。

実験室へ

先へ進める前に、生命の起源の問題に関するほかの実験からはどのようなことが分かっているのかを考えなければならない。集合的自己触媒集合の創発は、ランダムなポリペプチドがランダムに選んだ反応を触媒する確率に左右される。それについてはある程度のことが分かっている。

ランダムなペプチドが折り畳まれる確率は?

タンパク質はアミノ酸の直鎖からできていて、それが折り畳まれることで、反応を触媒したり細胞機能を発揮したりできる成熟したタンパク質になる。初めに知っておくべきは、ランダムなアミノ酸配列がどの程度の確率で折り畳まれるかという問題に対して、私の研究室のトム・ラビーンが一九九四年と二〇一〇年に、およびルイジ・ルイシが二〇一一年に導いた答えである。二人は、ランダムな配列のポリペプチドのうち約二〇パーセントが折り畳まれることを示した。きわめておおざっぱなデータだが、改良は容易である。折り畳まれることが機能にとって必要だとしたら、それは容易に実現できることになる。

ランダムなペプチドが任意のリガンドを結合する確率は?

ファージディスプレイを用いると、その答えは約10^{-6}であるらしい。ファージディスプレイとは、ランダムなペプチドをコードする遺伝子をファージウイルスの被覆タンパク質遺伝子にクローンして、ウイルスの表面にそのペプチドを「ディスプレイ」するという手法である。そうして作成した、それぞれ異なるランダムなペプチドを持ったファージが、ある標的分子と結合するかどうかをテストすればいい。G・スミスによる初期のいくつかの実験では、約二〇〇〇万種類の配列のうち一九種類の六量体ペプチドが、与えられた一種類のモノクローナルリガンドに結合することが示された。ここから$P=10^{-6}$という値が導かれる。

これらの実験で用いられた選択基準は、実験条件下でそのモノクローナルリガンドに「十分な強さで」結合するかどうかというものである。弱い結合の確率はまだ分かっていないが、調べることは可能である。比較的強いリガンド結合の確率が10^{-6}だとしたら、先ほど触れたとおり、弱い結合、ひいては触媒作用を起こしうる値として、10^{-5}というのはばかげた値ではない。

ランダムなペプチドがランダムに選んだ反応を触媒する確率は？

これについてはかなりよく推測することができる。約二〇年以上前の研究によって、モノクローナル抗体と呼ばれる分子が反応を触媒できることが示された（モノクローナル抗体とは、互いに同一な抗体分子の集まりのこと）。その発見は、反応の遷移状態に似た安定な形を取っている分子、いわゆる反応の遷移状態の安定類似物に結合するモノクローナル抗体が見出されたことによる。そのようなモノクローナル抗体は、その反応を高い確率で触媒する。モノクローナル抗体が、遷移状態の安定類似物を含めランダムな分子のこぶと結合する確率を、ファージディスプレイの場合と同様に10^{-5}から10^{-6}と仮定すると、触媒作用の確率は一〇万分の一から一〇〇万分の一となる！

以上の事柄は簡潔に表現できる。ランダムなポリペプチドは多くの場合に折り畳まれ、約一〇万分の一から一〇〇万分の一の確率で分子エピトープ、すなわち分子のこぶと結合し、ある特定の反応を触媒することができるのだ。

これで、これらのアイデアを実験室での実験で検証する方法について考えることができる。どの程度実行可能か感触をつかむために、まずは、ランダムなペプチドがランダムな反応を触媒する確率を評価したい。生成物がきわめて低濃度でも検出可能であるような反応を考えよう。たとえばその生成物があるタンパク質受容体に結合して、その流れの挙動を変化させ、その現象を超低濃度（10^{-15}モル濃度）で検出できるといったものだ。

あるペプチドがある反応を触媒する確率を、もっともらしい値として仮に10^{-6}としよう。一〇〇万種類のペプチドからなる「ライブラリー」の中から10^{4}種類を選んだサンプルを一〇〇通り用意して、一〇〇個の反応容器に入れる。そのそれぞれの容器を反応基質とともに培養して、目的の生成物ができたかどうかを調べる。生成物が見つかれば、その容器に入っていた一つまたは複数のペプチドがその反応を進めたと結論づけられる。次にさらに絞り込むために、その容器を、それぞれ一〇〇種類のペプチドを含む一〇〇個の容器に分割して、再び実験をおこなう。そうして、生成物を生成する目的の触媒を含む一つまたは複数の容器を見つけ、さらに一容器あたり一種類のペプチドを含む一〇〇個の容器で再び実験する。

このプロセスでその反応を触媒する触媒ペプチドがC種類得られれば、$P = C \times 10^{-6}$が触媒作用を示すおおざっぱな確率ということになる。

この実験の改良版では、互いに識別可能な生成物を生成するR種類の互いに独立な一連の反応を使う。ここでの狙いは、触媒候補としてのランダムなペプチドの集合を使って、R種類の反応からなる集合を触媒できることを示すことである。それはこの後で使う。

こうして、さらにエルデシュ＝レーニ相転移へと重要な一歩を進めることができる。十分に大きな触媒候補集合Cを使って、N種類の多数の分子のあいだの連結した触媒反応グラフの生成を触媒することはできるのか。

R種類の反応からなる複雑な反応グラフに属する、N種類の有機分子を含む反応集合というものを考え、ランダムなペプチドの集合Cをその混合物に放り込む。

触媒の確率Pがどんな一定の値であっても、CとRを調節することでエルデシュ＝レーニの閾値を超えることは分かっている。そこでCとRを変化させていって、触媒反応が起こりはじめる確率を調べることができる。それは実験的に容易に調べられる。仮に、分子一個あたり最大$M=6$個の原子からなるCHNOPSのメンバーからスタートするとしよう。もし反応が触媒されて、最大サイズ$M=6$原子の初期集合からたとえば$M=10$や$M=15$のもっと大きい分子が生成したら、質量分光法や高圧液体クロマトグラフィーで容易に検出できる。どちらも分子の大きさを調べる高感度な手法である。さらにC–R平面上には、触媒集合の出現が予想される相転移の臨界曲線が存在する。CとRを変化させていけばそれを描き出すことができる。そのため、RとCの変化に伴って触媒作用が出現するかどうかを確かめることができる。

また、エルデシュ＝レーニ相転移が起こって、反応グラフ中に巨大な触媒構成要素がひとりでに形成されるのはどの時点であるかを調べることもできる。そのためには、触媒反応グラフを縦断する物質輸送に注目すればいい。

連結した巨大な触媒構成要素が形成されれば、触媒グラフを縦断する物質輸送が起こるはずだ！　それはどのように見えるのか？　何らかの理論を仮定して、それを実験的に検証することはできるのか？　できる。たとえば、小分子中のある原子の原子核を同位体標識するとしよう。その分子が触媒反応の連結経路の一部であれば、その同位体標識した原子核が、その触媒経路を通って、ときにもっと大きな分子へ輸送されるはずだ。それは質量分光法で直接調べることができる。とても刺激的だ。形成される触媒反応グラフの詳細な構造があらかじめ分かっていなくても、標識された原子核が最初に標識した分子の中から連結経路を通って、グラフ中のすべての子孫へと流れるかどうかを調べることができる。そしてそのデータから、その触媒反応グラフの構造を推測できる。

ランダムな（または非ランダムな）触媒作用を受ける反応グラフの中で、分子が別の分子と触媒反応によってつながっているようなグラフの構造を考えるというのは、もちろんよく定式化された理論的課題である。さらに、そのようなグラフにおける物質の流れは、理論的探究の対象となる。たとえば、そのグラフ中の原子や分子のあいだでの物質や原子核の流れをシミュレートすることができる。

そして実際に、巨大構成要素中のどの分子が触媒反応によってどの分子とつながっているかを表現した、連結性構造を見出すことができる。あるノードから灰色の矢印をたどって到達できるものを、グラフ中のそのノードの子孫と定義する。そして、もっとも遠い子孫へ至る最短経路を、そのノードの半径と定義する。また、そのグラフ全体における系譜の分布と半径分布を定義する。これらの特性は、C、P、Rの関数としてどのように見えるのか？同位体で標識した原子核を使えば、グラフ中の流れによってこれらをすべて調べることができる。

そのような研究によって、数十億年前に初期の地球で代謝機構がどのように出現したのかを理解できるのではないだろうか。

代謝機構を集合的自己触媒集合とつなぎ合わせる

ここまでは、連結した触媒代謝機構がエルデシュ＝レーニ相転移によってどのように出現しうるかを説明した。次に考える必要があるのは、この単独の代謝機構が自己集合触媒と相互的に連結して、前者が後者に餌を提供し、後者が代謝反応を触媒するようになるかどうかである。

簡単に言うと、触媒代謝機構と集合的自己触媒集合を結婚させて、その集合が連結した代

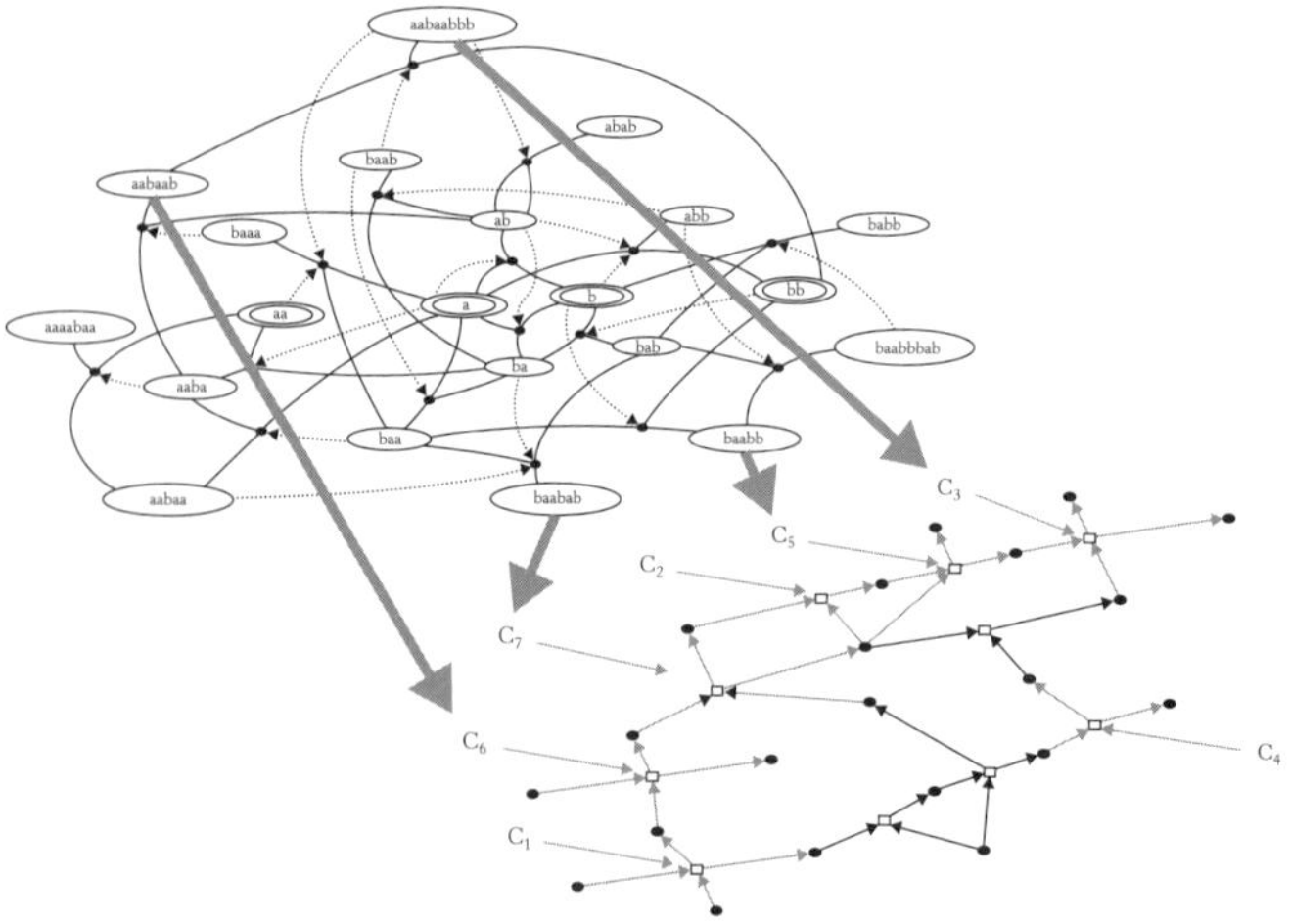

図 5.5　ペプチド自己触媒集合と代謝機構の結合（ペプチドは代謝の触媒である！）。

謝機構の中の反応を触媒し、代謝機構がその集合にとって有用な分子を作るようにすることはできるのだろうか？

もちろんできる。それが我々の仮説であるし、完全に理にかなっている。

図5・5と5・6は、その幸せなシステムを表している。図5・5では、自己触媒集合内のいくつかのペプチドが、代謝機構の中のいくつかの反応を触媒している。もちろん現実には、代謝機構の中で必要なすべての反応をペプチドが触媒してほしい。さらに図5・6では、代謝機構が相互的に集合的自己触媒集合に餌を提供している！　つまり代謝機構が、この集合に必要な小分子を作っている。いわば代謝機構と自己触媒集合が結婚している。

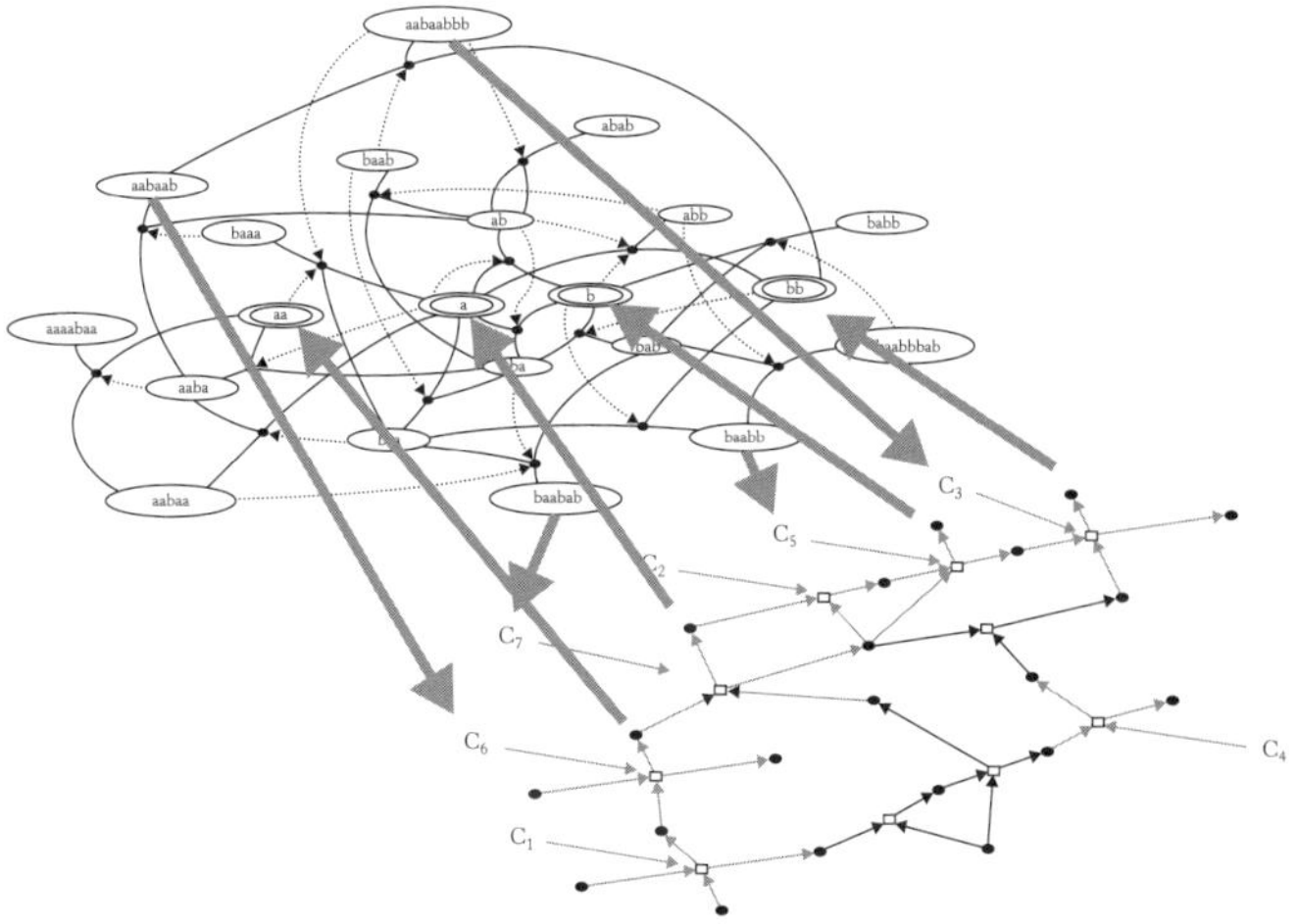

図 5.6　代謝機構が自己触媒集合に「餌」を提供し、その集合が代謝反応を触媒する。

これで、ある重要な新しいアイデアを示す準備が整った。集合的自己触媒集合は、多数の既約な自己触媒集合から構成されている。既約ということは、そこから一種類の分子を取り除くと自己持続構造が崩れるということである。そのような既約集合は、それぞれ一つの自己触媒ループを持っているのに加え、場合によっては、そのループからぶら下がっているものの、その自己触媒集合の持続には役割を果たさない、一つまたは複数のペプチドからなる尾を持っている。そのような尾タンパク質は、代謝反応を触媒する優れた候補となる。

次が本当に重要な点である。進化においては、それぞれの既約集合は選択条件のもとで失われたり出現したりするため（Vassas et al. 2012）、それらは、遺伝可能な多様性を有して選択を受ける遺伝子のような役割を果たすことができる。したがって、尾ペプチドが代謝反応を触媒するのであれば、その代謝機構は尾を獲得したり失ったりすることで選択を受けることになる。

触媒される代謝機構が自己触媒集合に餌を提供し、逆にその自己触媒集合によって触媒されるというこの連合作用は、容易に想像できるし、中心的な役割を担っている。それが与えられればこの二つは相互に有利となり、場合によっては一緒に選択されうる。たとえば、その集合内のペプチドが進化して、代謝機構内の新たな反応を触媒し、その集合の餌となる新たな種類の分子を生成する。

複製する素っ気ない裸の遺伝子ジェームズから、こうして長い道のりを進んできた。

ここまで、小分子のスープの多様性Nと触媒候補の集合Cが作用し合うことによるエルデシュ＝レーニ相転移として、連結した触媒代謝機構がどのように出現しうるかを説明してきた。その相転移は数学的にはもちろん起こるし、それが地球上の生命を構成する有機分子でも起こることを証明する実験も我々は提案している。分子濃度が低い場合の、そのような部分的に触媒された反応グラフにおける実際の物質の流れについては、まだかなりの詳細な研究が必要である。そのためには、原初のスープからなる温かくて小さい池に一般的だったと思われる低濃度においても、物質の流れが起こりうることを示す必要がある。基質の濃度を比較的高くした実験ならば、触媒グラフ中の実際の流れによって相転移が起こるはずだ。

最後に、期待が持てるもう一つの理由を示そう。実際の代謝機構では、そのすべての反応が触媒される必要はない。一部の反応は自発的に起こりうる。大腸菌では約一七八七通りの反応が存在し、触媒されていないのはそのうちの三つだけである (Sousa et al. 2015)。注目すべきことに、大腸菌の代謝機構はそれ自体が集合的自己触媒的である (Sousa et al. 2015)。生きた細胞の中にも自己触媒作用は存在するのだ。

これで原始細胞へ進む準備が整った。

第6章 原始細胞

生命がどのようにして始まったのかは誰にも分からない。しかし多くの研究者が、初期の生命は「原始細胞」と呼ばれるものから始まったと考えている。原始細胞のイメージは、何らかの自己複製分子システムがおそらく代謝機構と組み合わさって、リポソームという中空の脂質小胞の中に収まっているというものである。その自己複製システムは、ＲＮＡまたはペプチド、あるいはその両方からなる集合的自己触媒集合だったかもしれない。

図６・１は、仮想的な原始細胞の模式図である。集合的自己触媒集合が小分子の代謝機構と組み合わさっていて、その代謝機構の生成物には脂質分子自体も含まれている。その脂質はリポソームの殻の中に入って、成長を促すことができる。リポソームは十分に大きくなると、出芽して二つに分かれる。いわば原始的な細胞分裂である。外界からは食糧が、リポソームを形作る半透膜を通過して入ってくる。同様に、廃棄物は排出される。

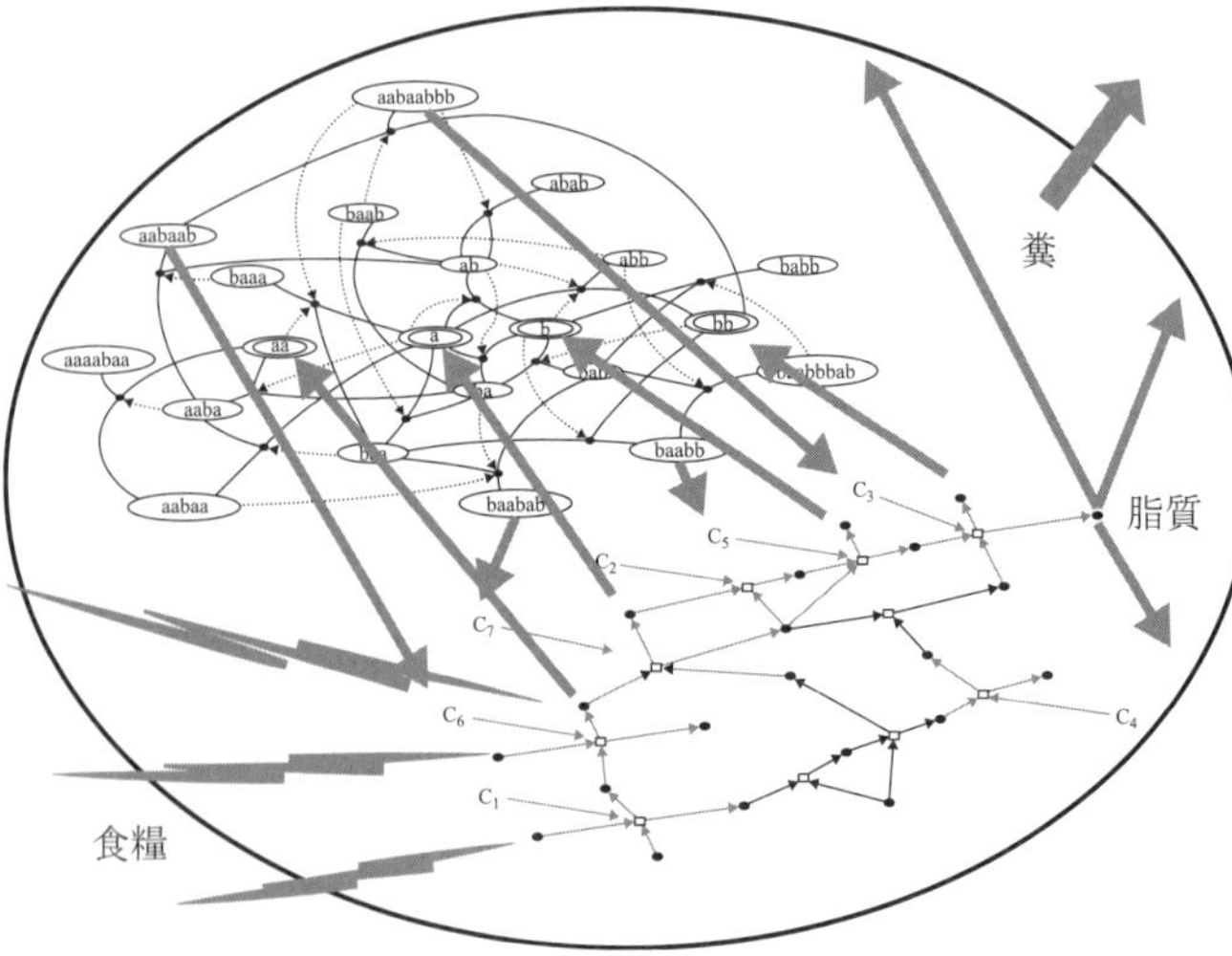

図 6.1　原始細胞

デイマー＝ディーマー・シナリオ

原始細胞はどのようにして誕生したのか？　誰にも分からない。そのような創発が起こりそうな舞台がおおざっぱに言って二か所ある。海底の熱水噴出孔と、環境が変動する陸上の温泉プールである。熱水噴出孔は単純な生命を豊かに育むことが明らかとなっており、多くの人が、初期の生命もそこで花開いたのかもしれないと考えている。しかしコンピュータ科学者のブルース・デイマーと化学者のデイヴィッド・ディーマーは、四〇億年以上前、今日のアイスランドやハワイに似た火山地帯にあった、互いにつながった複数のプールの中で、最初の原始細胞は出現したのだと提唱している（Damer and Deamer 2015）。そのような生命に満ちた温泉の証拠が、最近、西オーストラリアの三五億年前の岩層の中で発見された（Djokic et al. 2017）。プールまたはその縁の水が蒸発したり再び供給されたりする、ウエット＝ドライ・サイクルが起こり、そこに有機分子が豊富にあったことで、いまから概略を説明するプロセスが進行したのかもしれない。

そのシナリオの中核をなすのは、熱いプールの中に浮かぶ多層リポソームである。プールの岸の近くでは、ウエット＝ドライ・サイクルが起こっただろう。気温が上がる昼間には、蒸発によってプールは乾燥し、気温が下がる夜には、近くの温泉または雨によって再び水で満たされる。そこには三つの段階が存在する。①湿っているときには、リポソームは中空の小胞として水中に漂っている。②ほぼ乾燥すると、リポソームはゲル状の凝集体を作る。③鉱物の表面で乾燥すると、合体して層を作り、層間の二次元空間に内容物が撒き散らされる。

ウエット＝ドライ・サイクルが反復されるにつれて、このシステムはこれらの状態を繰り返したどっていく。

デイマーとディーマーはこのシナリオの中で、一九三二年に初めて研究されたプラステイン反応を利用した。食物消化の際に大きいタンパク質を小さく分解する胃の酵素トリプシンと、大きなタンパク質を、一緒に培養する。ここで二個のアミノ酸のあいだにペプチド結合が形成されると、媒質中に水分子が一個放出される。そのため、このようなシステムの媒質からたとえば蒸発によって水が取り除かれると、この反応は熱力学的に逆転する。新たなペプチド結合（および核酸結合）が形成され、当初はランダムな配列を持った重合体の集団が作られる。ここで、ウエット＝ドライ・サイクルでは何が起こるかを考えてみよう。水中環境では大きな重合体は切断されうる。その後システムが乾燥すると、その重合体の各断片が再び結合して、さらに長い重合体を作る。湿潤と乾燥の期間が繰り返されると、基本構成部品からの重合体の形成、切断、再形成のサイクルが進み、重合体の断片がランダムにシャッフルし直されて、切断と再結合が何度も起こり、多様な重合体のスープが作られる。

プラスティン反応の場合、酵素トリプシンを取り除いても同じ熱力学的な力が作用しつづけて同じ反応が起こるが、進み方はもっとゆっくりになる。生物誕生以前の地球には触媒も酵素も存在していなかったため、単純な脱水によってゆっくりだが同じ作用が起こるというのは、期待を持たせてくれる事実だ。プールの縁にできた「バスタブ・リング」の中の積層膜から水が抜けると、すでに膜の層によってぎゅうぎゅう詰めになっていた重合体の構成部品が整列して、ちょうどファスナーが閉じられるように、機能を持ちうる重合体が次々に形成される。

このようにディマーとディーマーは、さまざまなペプチドやRNA、あるいはその両方の豊かな混合物を閉じ込めた原始細胞を作り出した。ウエットサイクルの最中には、乾燥した膜の層が水で膨らんで、何兆個ものリポソームが出芽する。その中には、上記の重合体のランダムな混合物を含むものもあり、それらが原始細胞を形成する。ウエットサイクルの最中には、重合体の切断が起こって、ペプチドやRNAのランダムなシャッフルと再合成が起こるが、このときには多層リポソームの中のペプチドやRNAでもそれと同じことが起こる。そのリポソームとその中のペプチドスープが原始細胞を構成し、それが進化して最終的に普遍的な共通祖先となるのだ。

デイマーとディーマーは、ウエット＝ドライ・サイクルが何百万年も繰り返されるにつれて、一種の自然選択が作用すると提唱している。プロスはそれを「動的運動安定性」と呼んでいる（Pross 2012）。乾燥すると、何千という原始細胞が密集して内容物を共有し、生き延びる。再び水が供給されると、その内容物が新たな原始細胞の中に捕らえられて、原始細胞が出芽し、再び分裂サイクルが起こる。デイマーとディーマーの説によると、分子が何らかの方法で安定性を高めるようなシステムのほうが効率的に「生存」して「増殖」し、そこからやがて堅牢な原始細胞を多数含む集団が作られるのだという。

二人はこの小胞集団を「プロゲノート」と呼んでいる。この用語はもともとカール・ウーズとジョージ・フォックス（Woese and Fox 1977）が提唱し、デイマーが採り入れたものである（Damer 2016）。もし彼らが正しければ、このようなプロゲノートが地球上のすべての生命の祖先ということになる。

私がこのシナリオに感心している事柄の一つは、デイマーとディーマーが、遺伝可能な多様性のようなものがどのように生じたのかという難題を、最初に自己複製細胞を持ち出すことなしに解き明かしているように思えることである。これらのシステムの中で動的運動安定性のための選択が起これば、一種の多様性と選択が達成されて、有用で多様なプロゲノートが蓄積するかもしれない。

しかし、選択されるその増殖安定性はどこから生じたのかという問題があり、いまから二人のアイデアをもとに話を進めていきたい。

原始細胞へ

デイマーとディーマーは、ペプチドやRNAに似た重合体の有用な混合物を含んだリポソームが選択される様子を思い浮かべた。しかし、切断と連結によるランダムなシャッフルによって、それらの有用な配列はサイクルのたびにめちゃくちゃになってしまうだろう。仮に一個のリポソームの中に、アミノ酸一〇個分の長さの有用なペプチドが10^3種類あったとしよう。そのような長さの配列は、合計で20^{10}種類、すなわち約10^{13}種類存在しうる。最初の一〇〇〇種類の有用なペプチドは、切断と再連結のサイクルのたびに、この配列空間の中にある速度で散らばっていき、有用なペプチドがランダムになっていく。有用な重合体の遺伝可能な多様性がどのようにして生じるかは定かでないが、最初はテンプレート複製によって生じるのだろう。

次に念を押しておくべき点が、デイマーとディーマーが思い描いた条件は、ゲル状の凝集体や多層構造体の中でペプチドや核酸の集合的自己触媒集合がちょうど出現しうるようなものだったことである。そこで、そのような集合が偶然出現したと仮定しよう。その自己触媒集合が、複製する安定な重合体の集合であれば、それは選択されうるだろう。

そうして、同じ重合体の集合が何度も繰り返し生じる道が開かれる。そこで、リポソームの中で集合的自己触媒集合が形成されると仮定しよう。それがプールの底や縁で乾いていって、何千ものリポソームとともにゲル状態を経過してから、完全に乾燥する。その途中のどこかで融合して、集合的なゲルまたは乾燥した層の中に中身を撒き散らし、その重合体が近くのリポソームに取り込まれ、再び水が供給されて新たにサイクルが始まる。もし、その近くのリポソームまたはもともとのリポソームが、集合的自己触媒集合を再生できる重合体の集合を持っていれば、その集合はゲル中の近くのリポソームへと増殖するか、または積層状態を経て、乾燥したゲルの再水和によって新たに作られる近くのリポソームへと受け渡される。次のサイクルでは、その特性をさらに近くのリポソームへ伝えることができる。そうして、「適した」自己触媒化学を有するリポソームが増殖する。

さらに、これらのシステムは動的運動安定性を達成させるはずだ。前に述べたように、集合的自己触媒集合は、仕事タスク閉回路、束縛閉回路、触媒閉回路という三つの閉回路を達成させる。そのため、各サイクルで同じシステムが再生される。この増殖が動的運動安定性をもたらす。自己複製する安定な分子システムを有するプロゲノートは、ランダムにシャッフルされた重合体に勝って、新たなサイクルへと進むのだ。

要するに集合的自己触媒集合は、同じ重合体を生成することで選択可能な集合を生み出し、それに選択が作用するとともに、その複製中に、環境——水中、ゲル中、乾燥状態——の中でその集合を安定化させる多層形態にも選択が作用する。そしてその多層形態の形成が、黄泉の国の移り変わる過酷な環境に対して、集合の中身を閉じ込めて保持することに役立つ。

こうして分子の相互扶助が進む。それによって、集合内の有利な重合体だけでなく、複製する多層プロゲノート形態に含まれる脂質分子種も選択されるだろう。

第5章で、集合的自己触媒集合は連結した触媒代謝機構を触媒して、それに自らを合体させることができると提唱した。デイマー＝ディーマー環境は、初期の地球、または宇宙の中の似たような条件の場所でそれが起こりうることを、まさに示しているのかもしれない。形成されたばかりの地球上に出現したそのようなシステムは、同じく古代のマーチソン隕石に含まれていることが示されている有機降下物による供給を受けて、触媒代謝機構に組み込むことのできる有機分子を豊富に含んでいたことだろう。

代謝機構の中には、それに伴う集合的自己触媒集合の複製を助けることに他より秀でたものがあり、それらはダーウィンプロセスによって選択されて増幅しただろう。

　仮にその途中のどこかで、代謝機構が、自己触媒集合自体には使われない副産物として、脂質を生成するようになったとしよう。最終的に、集合的自己触媒集合と、脂質を生成する連結した触媒代謝機構、そしてその脂質の持つ、自己触媒集合と代謝機構を収めるリポソームを形成する能力との連合体が、一種の「原始細胞相互扶助」を生み出すことができるだろう。

　さらに複雑な原始細胞への道筋としては、ゲル相において特定の脂質が、そのゲルの中で多層構造を形成する原始細胞の部分に利用することができ、それゆえに選択されるのかもしれない。そうすると、プールの水位が下がった際の濃縮したゲル段階の中でうまく機能する、代謝機構と脂質と集合的自己触媒集合が、共選択されるかもしれない。

　そこで、一緒に機能するこれら三つの「結合相」が、図6・1のように、境界膜と脂質合成と自己触媒集合と代謝機構を有する高度な原始細胞を形成し、ウエット＝ドライ・サイクルに頼らずにプールの中で出芽して分裂し、溶液中で自由に生きられるようになると想像できる。この「後期プロゲノート」ワールドのどこかの段階で、原始細胞がいくつかの革新と組み合わさることで、原始遺伝的および代謝的な自己触媒集合をすべて安全に複製して、娘細胞のあいだで分割するような分裂の芸当を、偶然に（幸運にも）身につける。そしてごらんのとおり、（我々の知るような）生命への転移が起こるのだ。

この華々しいシナリオでは、集合的自己触媒集合がそれを収めるリポソームと同じ速度で同期して分裂する必要がある。セラとヴィラニはそれが容易に実現することを示している(Serra and Villani 2017)。

生命はこのようにして始まったのだろうか? もしかしたらそうかもしれない。すべて比較的容易に起こる。ただしセラとヴィラニは最近の著書の中で(Serra and Villani 2017)、そもそも低濃度では原始細胞を機能させるのが難しいと説明している。

この説は期待は持てるが所詮始まりにすぎず、さらなる研究が必要だ。

エントロピーと持続的な自己構築

一つの深遠な問題が、熱力学の第二法則に直面する中で生物圏がどのようにして複雑さを構築するのかというものである。熱力学の第二法則によると、閉じたシステムでは無秩序さ、すなわちエントロピーは必ず増大する。物質とエネルギーが出入りする開いたシステムでは、エントロピーはやはり増大するものの、熱力学的仕事をおこなって複雑さを構築することができる。期待の原始細胞では、脂質が構築される。植物では、光合成が二酸化炭素と水からグルコース分子を構築する。そこまでは結構だが、この秩序が作られるよりも速く第二法則がこの秩序を分解するとしたら、秩序は蓄積しようがないではないか! では、秩序はどのようにして蓄積するのだろうか。

秩序がどのようにして蓄積するかという問題に対する十分な答えは、束縛閉回路、仕事サイクル閉回路、触媒閉回路という三つの閉回路のおかげで得られるように思われる。束縛閉回路と仕事サイクル閉回路を備えたシステムでは、非平衡プロセスにおけるエネルギーの解放に対する束縛条件が仕事をおこない、その仕事が使われて同じ束縛条件がさらに構築される。これは、エネルギーを利用してさらなる秩序が構築されることにほかならない。このシステムは自己触媒作用によって複製する分子システムの一部でもあるため、第二法則が秩序を消散させるよりも速く複製して、さらに秩序を構築することができる。持続的な自己構築だ。この後すぐに見るように、そのようなシステムは遺伝可能な多様性と選択によって進化することができる。こうして生物圏は自らを構築できるのだ。

語らなかった事柄

物言わない死んだ地球からの原始細胞の誕生は、それだけでとてつもない出来事だ。しかし現在の生命は、それ以上の事柄に基づいている。DNAがタンパク質の生成をコードし、そのタンパク質の中には、DNAポリメラーゼのように、DNAが自らを複製する際に必要なものもある。それだけではない(原核生物、真核生物、多細胞生物、性……)。第一段階は想像できるものの、謎はとてつもなく大きいのだ。

第7章 遺伝可能な多様性

ダーウィンは正しかった。遺伝可能な多様性と自然選択、そして、本書で探究しているような何らかの形の組織的複製によって、輝かしい多様な生物圏は出現することができ、実際に出現した。マルハナバチ、セコイア、ウニ、干潮時の岩の上に止まるミヤマガラス。我々は花開く流転の中で生きている。

現代の細胞の中では、遺伝可能な多様性は変異と遺伝子組み換えによって生じ、コードされたポリメラーゼタンパク質による細胞内のDNAらせんの複製に基づいている。しかしそれには、遺伝子と、コードされたタンパク質合成、さらにそれ以上のものが必要である。初期の生命はそのようなものは持っていなかったし、そもそも遺伝子やコードされたタンパク質合成が出現するには、遺伝可能な多様性と自然選択による適応進化が必要だった。

では、リポソームの中の集合的自己触媒集合、または裸の複製するRNAだったと思われる原始生命は、どのようにして遺伝可能な多様性を獲得できたのだろうか。

もし原始細胞が複製するRNAリボザイムポリメラーゼを持っていたら、自身のミスコピーによって遺伝可能な多様性を獲得できただろう。問題は、本書の前のほうで説明したアイゲン＝シュスターのエラーカタストロフィーを起こしかねないことである。つまり、変異率が低い場合には、RNA配列の各集団は配列空間の中でマスター配列の近くに留まる。しかし変異率が高くなるにつれて、その集団は急速に離れていって、配列情報がすべて失われてしまう。前に論じたように、もし誤ってコピーされたポリメラーゼが、もとの型のポリメラーゼよりもエラーを起こしやすく、複製サイクルのたびに変異率が上昇するとしたら、事態はますます悪化する。有用な配列は溶けてなくなってしまうだろう。

もしそのポリメラーゼが、原始細胞にとって機能的に重要なほかのRNA配列を周囲に集めることができたとしたら、それらの配列も一定の変異率で複製されて、やはりアイゲン＝シュスターのエラーカタストロフィーを起こしかねない。

未発見で未知のRNA配列の変異率は知りようがないため、問題はもう少し難しくなる。変異率が十分に低いとシステムは進化できるが、高すぎると進化できない。

その原始細胞が集合的自己触媒集合を中に収めていれば、遺伝の単位として振る舞うことができる。典型的な集合的自己触媒集合は、一つまたは多数の既約自己触媒ループと、自己触媒作用には役割を果たさない尾からできている。ヴァッサスらが指摘しているとおり（Vassas et al. 2012）、そのループは遺伝子に相当し、尾はその遺伝子と組み合わされた原始的な表現型にほかならない。つまり、尾はその集合の複製には必要ないため、代謝反応を触媒するなどほかの機能的役割を果たすことができる。そして集合的自己触媒集合は、遺伝子として振る舞う既約集合を獲得したり失ったりすることで、進化することができる。

デイマー＝ディーマーのシナリオでは、比較的容易に集合的自己触媒集合が出現するかもしれない。リポソームは直径約一マイクロメートルの大きさである。したがって、一〇平方マイクロメートルの面積の中で約一〇〇個の原始細胞が、ゲルを形成したり、ゲルから出現したりできる。一平方メートルなら10^{12}個となる。デイマーとディーマーが記しているとおり（Damer and Deamer 2015）、既約自己触媒集合ループ遺伝子の交換など、きわめて多数の局所的試行が起こりうるのだ。

第6章で見たように、デイマー＝ディーマーのウエット＝ドライ・シナリオで原始細胞が既約自己触媒集合を獲得したり失ったりする様子は、たやすく想像できる。二個のリポソームが容易に融合して、それらの集合が新たな連合体へと融合し、それぞれの既約集合を共有する。そしてリポソームが出芽し、娘細胞へのランダムな拡散によって、いくつかの既約集合が娘リポソームの一方から失われる。

集合的自己触媒集合が進化する手段はほかにも存在する。バグリーとファーマーが何年も前に指摘したとおり、この集合の各構成要素は比較的高濃度で存在するため、それらを基質とする新たな分子種への自発的反応を促すことができる。それらの生成物がこの集合に相互的かつ触媒的に組み込まれれば、新たな分子種へ進化する。

最後に、触媒作用は完全に特異的ではないため、任意の重合体が互いに似た多数の反応を触媒して、多様性をもたらすことができる。

こうしてもう一つの重要な一歩を踏み出した。集合的自己触媒集合は、遺伝可能な多様性と自然選択によって進化することができる。リポソームに収められた集合的自己触媒集合は、選択の単位となる。

我々すべての祖先であるプロゲノートは、進化できるのだ。

第8章 我々がプレーするゲーム

第2章の冒頭で次のような疑問を示した。この宇宙はビッグバン以後、どのようにして物質から意味のある存在になったのか？　それに対する簡潔な答えは、「進化する原始細胞が出現すると、意味のある存在が意味を持つ」というものだ。

私は一九九〇年代後半、主体の問題と格闘していた。自身のために行動できる主体、すなわち行動者であるような物理システムは、どのようなものでなければならないのか？　私はその一つの答えを、以下のように考察した（Kauffman 2000）。分子からなる自律的主体は、自らを複製して一つ以上の熱力学的仕事サイクルを働かせることのできるシステムである。たとえば、グルコース勾配の中をさかのぼって泳いでいく細菌を考えよう。その細菌にとって糖には意味がある。意味のある事柄が宇宙の一部となったということだ。主体がこの世界に意味を導入したのだ！　主体は生命にとって欠かせないものである。

この自律的主体の定義がどこからか導かれるものなのか、私には分からない。科学において定義というのは奇妙な代物で、真でも偽でもないが有用であってほしい。ポアンカレが指摘したように、ニュートンの運動方程式$F=ma$は循環的定義になっている。独立に定義された「加速度」という量を介して、力は質量に基づいて定義され、質量は力に基づいて定義されている。それでもこの定義は、天体力学など古典物理学のパワーを通じて、自然という彫刻を彫り上げている。

ダーウィンの進化論もまた、適者生存において生存する者を適者と定義しているように、循環的に定義されているのではないかと、生物学者は心配している。それでもダーウィンは、生物の世界を解き明かしてくれた。主体に対する私の定義も有益かもしれない。先ほど述べたように、定義は真でも偽でもないのだから。それでも定義は、この世界を新たな形で見つめることを可能にし、深い意味で有用になりうるのだ。

主体は必ずしも、自らが主体であることを「知っている」必要はない。我々の定義に基づけば、アシュケナジーの九つのペプチドからなる集合的自己触媒集合は（Wagner and Ashkenasy 2009）、複製して仕事サイクルを進めるがゆえ、すでに主体である。仕事サイクルと熱力学的仕事サイクルの唯一の違いは、後者が、非自発的な吸エルゴン的プロセスと自発的な発エルゴン的プロセスを組み合わせたものでなければならないという点である。このことはさほど重要ではなく、容易に調整できる。著書『カウフマン、宇宙と生命を語る』の中で私は、実際の熱力学的仕事サイクルを進める単純な自己複製システムについて説明している。

アシュケナジーの集合はまだリポソームに収められてはいない。原始細胞ではない。ひとたびその一歩が踏み出されれば、疑念はすべて取り除かれる。そのようなシステムを、分子からなる原始的な自律的主体として考えることに、私はいっさい戸惑いはない。

感知、評価、反応

第6章で登場したデイマー＝ディーマーのプールの中、およびその外で、手段は何であれ複製して進化することのできる原始細胞について考えてみてほしい。そして、その世界、食糧の存在、毒の存在を感知して、「自分にとって、おいしいまたはまずい、良いまたは悪い」と評価し、その環境的状況に何らかの形で反応して、食糧を選んだり毒を避けたりできるという能力の、選択的利点について考えてみてほしい。

この能力が創発することの選択的利点は、とてつもなく大きかったことだろう。それが達成されたらどうなるか考えてほしい。意味が進化したことになる。つまり、「自分にとって、良いまたは悪い」ということだ。

キャサリン・P・カウフマン（私信、September 2017）は、世界の感知、評価、行動という先ほどの三つ組が、感情の基礎であると考えている。[1]私も、それは正しくて、彼女が論じ

1 Peil, Katherine T. "The Emotion: The Self-Regulatory Sense." 2014. *Global Advances in Health and Medicine.* 3(2): 80-1-8.

ているとおり、感情は最初の統合された「感覚」かもしれないと考えている。ほかのすべての感覚は、この最初の感覚から進化してそれと統合され、「私にとって、良いまたは悪い」という評価と結びついたのだろう。

移動

いまのところ我々の原始細胞は、歩くどころか這うことすらできない。しかし、その能力の進化を思い描くことはできる。それを実現するには、たとえば化学浸透圧ポンプを使って、湿った懸濁液からゼリーに似た状態へという内部の「ゾル=ゲル」相転移を制御することで、原始細胞の一部をゾルのような液体に、別の一部を固いゲルにして、ゾル領域がゲル領域に対して移動するようにし、アメーバのように移動するといった方法があるかもしれない。

プラトンら古代人にとって、自律移動は「魂」の証拠の一つだった。我々は原始的な魂と生気論を手にした。生きていない世界から生きている世界への変化である。

物質から意味へ

そうして主体が出現した。主体とともに行為も出現した。原始細胞、あるいは細菌は、食糧を獲得して毒を避けるために振る舞う。たとえば現代の細菌が鞭毛を使って泳いだり、原始細胞がゾル＝ゲル相転移によってアメーバのように移動したりするように、どんな振る舞いが起こったとしても、それは単なる現象ではなく行為である。

なぜ我々はこれらを区別するのだろうか。第2章で論じたように、この宇宙に実在する機能は、生命体の何らかの因果的側面が果たす役割（血液を送り出す心臓）に頼っており、それによってその生命体は、原子より上のレベルの非エルゴード的宇宙に存在する。主体は食糧を取りに行くとき、機能を発揮する。そして、原子より上のレベルの非エルゴード的宇宙の中に存在するようになる。存在するようになることは一つの機能であり、単なる現象でなく行為である。

手段的な義務

デイヴィッド・ヒュームは、有名な自然主義的誤謬として、「である」から「すべき」を導くことはできないと論じた。「母親は子供を愛する」という事実から、「母親は子供を愛すべきだ」という事柄を導くことはできない。しかしヒュームは深い意味で間違っていた。ヒュームはイギリス経験論の伝統に則って、容器の中で受動的に観察される心／脳というものを考え、観察されるその心がどのようにしてこの世界に関する信頼できる知識を持ちうるかを考察した。そして、「そうである」と観察される事柄から、「そうである」べき事柄を導くことはできないと気づいた。我々は自然主義的誤謬とともに生きているのだ。

しかしヒュームは、アメーバのような単純なものを含め、生命体は行為をおこなうのだということを忘れていた。この宇宙にひとたび行為が出現すれば、うまい行為と下手な行為も出現する。私はソフトクリームを食べようとして、額にぶつけてしまうかもしれない。要するに、行為には手段的な義務が伴うのだ。我々は主体であり、何かをうまくやるか下手にやるかには意味があるのだ！　だから我々はうまくやるべきである。これは手段的な義務であって、道徳的な義務ではない。手段的な義務、つまり何かをどのようにやるべきかは、主体が出現するやいなやもたらされる。したがってそれは古いものである。

我々がプレーする繊細なゲーム

石がほかの石を避けたりだましたりするように進化することはできない。しかし主体ならできる。食糧と毒、そして単純な食物連鎖が出現すれば、被食者は毒に擬態して捕食者から身を隠すことができる。擬態は進化の至るところに見られる。チョウの中には、捕食されるのを避けるために、味の悪い別のチョウの模様を擬態するものがいる。食物網が出現すれば、被食者は捕食者に直面したときの防御手順を進化させることができる。生態系には、食物網が関係しているかどうかにかかわらず、生命体が互いにプレーしあうよう進化したゲームが無数に存在する。そしてそれが進化するたびに、無数の新たな方法で意味が出現する。

我々が互いにプレーするゲームは、「我々と共存してともに生き、原子より上のレベルの非エルゴード的宇宙で生命とともに生きて、さらなるゲームを終わることなく発明する、我々そのもの」である。我々は繊細なゲームをプレーする。さらに我々は、そのようなゲームをプレーするように進化することのできた存在である。我々は、語られない形で、協力と競争の入り組んだネットワークを構築する。この後で見るように、この進化は事前言い当て不可能である。何が起こるかが分からないだけでなく、何が起こりうるかさえ分からないのだ！　このテーマは、事前言い当て不可能な生物圏の進化、さらには我々の世界経済の進化を明確に示していて、本書の最後まで付きまとってくる。

エピソード

原始細胞たちの驚くべき実話

パトリックの物語！

ずっとずっと昔、四〇億年近く前、ゴンドワナ大陸の西海岸の沖合、原始細胞としての生命が生まれたばかりだった。すべては、くすんだ太陽のもと、焼け付く大地の上、浅い潟の中で起こった。何昼夜も過ぎ去って、パトリック、ルパート、スライ、ガスが、本当にパトリック、ルパート、スライ、ガスになった。いまのところは単なる原始細胞で、湿っては乾き、乾いては湿る世代Xの親戚たちにまぎれた普通の平凡な存在。世代Xの者たちはすべて、潟の中に穏やかに漂う物質を受動的に吸収していた。捕食と呼んでもかまわないだろう。彼らは複製し、生まれた大勢の世代Xの者たちが四〇億年近くのち、曾曾曾……曾孫である我々やほかの生物として、小さく青い惑星の至るところに広がった。

しかし当時は、小さい浮遊物質はすべて世代Xの者たちとほぼ同じ速さで漂っていたため、誰も大量の「餌」を食べることはなかった。みんながそうで、誰も狂ってはいなかったため、それでもかまわなかった。

しかしある日、原始細胞パトリックが、自分の身体の中にこぶのようなものがあるのを感じた。「何だこれは?」少し怖くなった。「何かが突き出している！　痛い」

パトリックは締め付けられる感覚を覚え、穴まであいてきた。一三個のアミノ酸でできた小分子ペプチドが、側面から突き出してきたのだ。

そして何が起こったかお分かりだろうか。その小さなペプチドが、パトリックよりはずっと大きいが指ぬきよりはずっと小さい石にぶつかった。

そしてそのペプチドは、その大きい石にくっついた。パトリック自身もくっついた。笑いながら潟の中を漂って餌を探すことはできなくなったのだ。

パトリックは怖くなって、「剝がさないと」と思った。お腹とお尻を引っ張ったが、くっついたままだった。引っ張れば引っ張るほどますますくっついていくように思えた。

「まずい！」パトリックは思った。「おしまいだ。ママがいてくれたら助けてもらえたのに！」たじろいだ。

「そうか、何回か湿ったり乾いたりすれば剝がれるかもしれない」。引き潮で岩に乗り上げた、のちの時代のヨットのように、パトリックは期待を抱いた。

「それまで何とか乗り切るぞ」

「何か餌がぶつかってくるかもしれない」と期待した。

「でもどうやって？　この古い石にべったりくっついているのに！」

さして期待が持てず、この悲惨な状況に少々絶望したパトリックは、見上げて、そして何をしたか。

パトリックに何が起こったか、あなたにはきっと当てられないはずだ。

いままで見たことのないような大量の餌がまたたく間にあちこちにあふれ、こちらに向かってあまりの速さで漂ってきたのだ。飲み込めないのではないかと恐れたくらいだった。

このチャンスに元気を取り戻したパトリックは、できる限りの速さで飲み込んだ。

いつもよりずっと短い時間で満腹になったパトリックは、二個のパトリックへ分裂した。

「くっついている」と二個とも叫んだ。確かに、同じ大きな石にくっついていた。

いまやパトリックたちがあまりに速く分裂し、あまりに大量の餌が流れてきたため、すぐにパトリックたちがたくさんできた！

月が七回ほどめぐるあいだに、大きなパトリック・パッチ、パトリックのたくさんの孫ができた。それは何になったのか。

大きな石にくっついたパトリックは、初期の地球で最初の「固着性濾過摂食者」になったのだ。考えてみてほしい。まさに最初だ。

こうしてパトリックは、「パトリック・ザ・ファースト」となった！

くっつく前のパトリックは、典型的で未熟なX世代原始細胞だった。それがいまや特別な存在になった。石にくっついて留まり、湿ったり乾いたりするあいだずっと、固着して濾過摂食ができるようになったのだ。

パトリックはどこからやって来たのか。どこからでもない！　パトリック・ザ・ファーストはただ出現したのだ！

最初は世代Xの者たちしかおらず、パトリックはその一員だった。どれも、餌を食べながらゆっくりと分裂していた。

しかしパトリックは、もちろん偶然に特別なチャンスをつかんだ。ゆっくりと漂う養分と、石がいくつかあり、その中の一個にパトリックはくっついた。もしもくっつけば、ほかの原始細胞よりも単位時間あたりたくさんの養分を食べて、もっと速く分裂できる。

しかし宇宙の生成過程の中で、パトリックにとっての石とゆっくり漂う養分といった場面状況が「チャンス」になるためには、何が必要だろうか。石にとって流れる水は、場面状況ではあるがチャンスではない。

すべてのものやすべてのプロセスがチャンスになるわけではない。小さい石自体はチャンスではない。石とゆっくり流れる餌もチャンスではない。チャンスをつかんでそれを利用できる何かがいなければ、チャンスは存在しないのだ。

パトリックはまさにその「何か」だった。パトリックはチャンスをつかんで、「自分のためになる」と考え、自分が自分のために生涯最高のチャンスをつかむことことのできる存在であることに感謝した。

パトリックは「自分のための存在」になった。

宇宙の中の何かが「チャンスをつかむ」ためには、何が必要だろうか。

何かがつかまれるチャンスになり、何かがそれをつかむ能力を持つためには、何が必要だろうか。

その答えは驚くべきもので、繰り返し述べる価値がある。その場面状況を、つかむことのできるチャンスであると受け止めるような何か、つまり「自分のための存在」がいなければ、チャンスを持つことはできないのだ。

何をチャンスとして数えるかは、そのチャンスをつかむことのできる何かが存在しなければ意味がない。しかしそれは、想像でもなければ単なる言葉でもない。パトリックは実際に、初期の生物圏の中で最初の固着性濾過摂食者として出現した。チャンスをつかむことで、原子より上のレベルの非エルゴード的宇宙の中に出現した。パトリック・ザ・ファースト固着性濾過摂食者になったのだ。

どんな事柄を、チャンスをつかんだこととして数えるのか。パトリックとこの生物圏にとって、成功はまさに現実のものだった。パトリック・パッチを形成する多数のパトリックは、実際に世代Xの者たちを凌いで増殖した。

パトリックとその子孫たちにそれができたのは、彼らがオートポイエーシス的、つまり、自己保持して増殖し、遺伝可能な多様性を持ち、選択を受けることのできる、自己複製システムだったからだ。それによってパトリックとその子孫たちは、チャンスをつかむことができた。全体が部分のために、そして部分に頼って存在する、カント的総体だった。

何よりもパトリックは、リポソームの中に収められたペプチドの集合的自己触媒集合であって、その中空の脂質小胞が出芽するとともに、リポソームを形成する脂質を作ることもできた。パトリックは、遺伝可能な多様性と自然選択によって進化することのできる、初期の生命形態だった。だからこそパトリックは、ゆっくりと漂う養分と小さな石という場面状況が、つかまれるチャンスとなるような、「自分のための存在」を構成した。そして、複雑な物体がほとんど存在しない原子レベルより上のレベルの、非エルゴード的宇宙に出現した。パトリックは実際に、宇宙全体の展開しつつある歴史を変えた。指ぬきよりも小さい石にくっついただけなのに、何ともすごい偉業だ。

「すごく嬉しい」とパトリック・ザ・ファーストは思った。「ここに留まってこの場を愛し、その気になったら分裂しよう」

そうしてパトリックは分裂して、二つずつたくさんのパトリックを作り、やがてパトリック・パッチが潟の大きな部分に広がったことを知った。

これがパトリックの物語の第一幕、ほとんど何もないところからどのようにして固着性濾過摂食者が出現したかという話である。

知っておくべきはこの物語だけだ。実際に起こった話である。驚きではないだろうか。最初はパトリックはいなかったが、どこからともなくパトリック・〝ザ・ファースト〟固着性濾過摂食者が出現した。たまたまペプチドが石にくっついただけで。

のちにダーウィンはそれを、パトリックの前適応と呼ぶことになる。

ルパートの物語！

次はルパートの物語だ（出現したパトリックがどのようにして、ルパートが出現して存在するためのチャンスをもたらすのか）。

ルパートは通常の原始細胞とそっくりだったが、ほかの原始細胞よりも少しぶっきらぼうだった。泳ぐことはできなかったが、餌の近くに来たら少し身をくねらせることができた。興奮して身をくねらせたのだろう。しかし身をくねらせるだけでなく、ルパートはすでに少し特別だった。餌を食べるだけでなく、ほかの世代Xの者たちに取り付いて、穴をあけ、中身を吸い出すこともできたのだ。ルパートは、それは都合がいいと思っていた。ほかの世代Xの者と時々ぶつかって、そこから特別なディナーを頂戴できたからだ。

しかし、世代Xの者たちはみな同じゆったりとした流れの中に漂っていたため、ほかの世代Xの者にぶつかるというのはそうたびたび起こることではなかった。ルパートもほかの者たちと同じく、たいていは昔ながらの餌を食べていた。

ある日、何が起こったかお分かりだろうか？　潟の大部分から遠く離れたパトリック・パッチのところに、ルパートが漂っていったのだ。

「しまった」とルパートは思った。「この場所にたくさんあるのは……。分からない。澄んだ潟に戻るにはどうしたらいいんだ？」

ルパートは身をくねらせようとしたが、すぐにどこかへ行くことはできなかった。それ以上はどうしようもなかった。

かつてのパトリックと同じくらい、もしかしたらそれ以上に、ルパートは悲惨な状況に陥った。澄んだ潟からは遠く離れていた。

ルパートに何が起こったかお分かりだろうか？　第四二三八代パトリックとぶつかったのだ！

ルパートはその不運なパトリックに穴をあけ、中身を食べ尽くした。

「ギャー」と第四二三八代パトリックは思った。

「美味い」とルパートは思った。

そうしてルパートは潟の中で、ルパート・〝ラプター〟・原始細胞として有名になった。潟の中で、地球全体で、そして宇宙で最初の捕食者となった。ルパートは宇宙全体の歴史を変えたのだ。

まもなく、パトリック・パッチの中を動き回るたくさんのルパートたちが出現し、パトリック・パッチのほうも、ルパートが食い尽くせるよりも速いスピードでパトリックたちの数を増やしていった。この生物圏で最初の食物連鎖である。それは何もないところから出現した。この最初の食物連鎖は宇宙の歴史を変えた（そうしていくつもの食物連鎖が後に続いた）。

ルパートもパトリックと同じく、チャンスを出現させる「自分のための存在」だった。しかしルパートに関して驚くべき点は、ルパートにとってのチャンスの中に、養分の漂う潟だけでなく、パトリックたちも含まれていたことである。パトリックたちは石にくっついた固着性摂食者だったため、ルパートたちは、自分やその親族と一緒に養分の流れに漂う世代Xの者たちよりも、パトリックやその親族のほうとはるかに速くぶつかった。

パトリックは、ルパートにとってのチャンスである場面状況全体の一部だった。ルパートはそのチャンスをつかんだ。パトリックは、存在してパトリック・パッチを作ることで、ルパートにチャンスを提供した。ルパート原始細胞は泳ぐことができず、ゆっくりと流れる養分の中では物質を食べることしかできずに、ごく稀に世代Xの者たちとぶつかるだけだった。そのため、パトリック・ザ・ファーストとその親族はルパートにとってのチャンスであって、パトリック・パッチの中の固着性濾過摂食者がいる場所でルパートは、単に餌を食べて稀に世代Xの者を平らげるのと比べて、多数のパトリックの仲間とぶつかることができた。

この食べ物によってルパートは急速に分裂し、やがてこのパトリック・パッチの中で、あるいはいまや潟の中のいくつものパトリック・パッチの中で、たくさんのルパートたちが増殖した。

パトリックにとってのチャンスの場面状況の中に、ほかに生きている者はいなかった。パトリックにとってのチャンスは、ゆっくりと漂う餌と、足場とする小さな石だけだった。しかしパトリックと、パトリック・パッチの中の親族は、この宇宙に出現したことで、この「場面状況」、すなわち、まさにルパートが出現するためのチャンスを構成するようになった。パトリックたちがいなければルパートたちはいなかった。ルパートたちは、めったにぶつからない世代Xの者たちを食べるのをすぐに忘れ、いまやパトリックを食べることに完全に依存して生き延びるようになった。

この生態系は、世代Xの者たち、漂う餌、パトリック・パッチの中のパトリックたち、パトリックたちを食むルパートたちという構成になった。数十億年後の草とウサギに少し似ている。

それを方程式で書き下すことはできるだろうか？　何を書き下せばいいかどうしたら分かるだろうか？　知るべきはまさにこの物語にほかならない。そもそもここで数学は何をしてくれるだろうか？　パトリックとルパートの生成についてはたいしたことを教えてくれない。それどころか、数学はこの生成現象に関して何も語ってはくれないのだ。

しかしピタゴラスは、万物は数であると説いた。はたしてそうだろうか？　ここではその「数」はどこにあるというのか？　この場面を見つめている我々に数は必要ない。そしてパトリックもルパートも、はるかのちにアゴラで食むピタゴラスのことなどけっして聞いたことがなかった。

原始細胞スライの驚くべき物語

初め、スライは通常の原始細胞とそっくりだったが、初期のルパートと同じように、漂っている餌を食べるのに加え、たまたまぶつかる世代Xの者たちも食べることができた。自分の名前がかなり侮辱的であることを知らないスライ《悪賢い》は、完全に幸せだった。潟の中を漂って餌を食べていた。

ある日、スライはルパートにぶつかった。何が起こったかお分かりだろうか？　偶然にも、スライの表面のペプチドがルパートにくっついたのだ！　スライは気まずさを感じ、ルパートはくっつかれたことを嫌がった。しかし選択権はスライのほうにあったようだ。ルパートはスライを振りほどくことができなかった。

そうして何が起こったかお分かりだろうか？

ルパートがパトリックを食べると、そのジュースの一部が穴を通ってルパートの中から漏れ出し、スライはパトリックの遺体から出たそのジュースを舐め取った。

実はルパートは、自分の外側に付いたジュースがベトベトすると感じていたため、この取り合わせをありがたがるようになった。スライは、サメの口の中で歯を掃除する小さな魚のようなものだった。奇妙な生き方ではないか。しかしスライはこの宇宙を変えた。以前よりも速く分裂して、まもなく、潟の中のパトリック・パッチの至るところにいるたくさんのルパートたちに、たくさんのスライたちがくっつくようになった。

しかしスライがやったのはそれだけではない。お分かりのとおり、パトリックとその子孫たちは、指ぬきよりもずっと小さい石にくっつくのに手こずっていて、時々滑り落ちることがあった。しかし、ルパートがむさぼったパトリックのジュースの残りを吸い込んだスライは、潟の小さなエリアに粘着物質を分泌して、パトリックが石にくっつくのを助けたらしいのだ！　そのためパトリックたちは、スライをお伴にしたルパートがいたほうが、パトリック・パッチの中でもっと安全に生き、小さな石にもっとしっかりとくっつくことができた。

何が出現したのだろうか？　スライが出現した。スライにとってのチャンスは、いまやルパートたちとパトリックたちの両方から構成されていた。スライはまた、そのチャンスをつかむ「自分のための存在」でもあった。こうしてスライも、ほぼ何もないところから出現したのだ。

しかしそれだけではない。先ほど言ったように、ルパートはもはや世代Xの者たちを食べてはいなかった。パトリックたちが時々石から滑り落ちて死ぬと、ルパートたちが食むことのできるパトリックの数が減って、パトリックの、そしてルパートの個体数が減少した。しかしスライが、パトリックが石にもっとしっかりとくっつく手助けをしたため、誰もが恩恵を受けた。パトリックはルパートのためのニッチを提供し、ルパートはスライのためのニッチを提供し、スライはパトリックのためのニッチを提供する手助けをしたのだ！　これらは三つの種からなる「集合的自己触媒集合」を形成したのだ！　互いのためのニッチを作り合う種からなるそのような集合的自己触媒集合は、今日でも存在している。

スライの粘着物質はとても強力だったため、パトリックは石にしっかりとくっつく方法を忘れ、いまやほぼ完全にスライに頼るようになった。この小さな自己触媒的生態系はさらに強固になり、相互に依存し合うようになった。互いにうまく作用しあい、パトリックとルパートとスライ、そしてそれらの親族は、非エルゴード的宇宙の中でかなり長い時間存在するようになった。

ガスの物語

ガスも単なる通常の世代Xの者だった。ほかの者たちと同じく、潟の中を動き回っていた。時々、小さい石が視界に入ってきて手を伸ばしたが、石をつかむことはできなかった。そのため漂って分裂していたが、あまり速く分裂することはできなかった。

ある春の日、ガスはパトリック・パッチの中へと動いていった。どうなっただろうか？ ガスはパトリックとぶつかって、パトリックをつかめることに気づいた。そしてパトリックをつかんだ。

ガスは何を学んだのかお分かりだろうか？

ガスはパトリックの石に間接的にくっついたのだ！ ガスはとても喜んだ。それまでは、自力で石をつかもうとしてもできなかった。しかしいまや、石にくっつくことで、ゆったりと流れる餌がガスのそばを素早く漂い、ガスはずっとたくさんの餌を食べるようになった。そしてパトリックと同じく、もっと速く分裂するようになった。ときには一個のパトリックにガスが二つか三つくっつくこともあり、パトリックはかなり嫌がったが、身をよじらせることしかできないため、ガスを振りほどくことはできなかった。

ガスは「自分のための存在」、パトリックはガスにとってのチャンスである。こうしてパトリックは、一つはルパートのための、一つのガスのための、二つの新たなチャンスを構成する、二つの新たなニッチを提供したのだ！

かつてダーウィンは、生物種が自然という混み合った床に楔を打ち込むというイメージを示した。その楔は、その生物種が生きる空間を作る、競争的な性格のものである。しかしパトリックとルパートとスライとガスの物語は、そうではない。パトリックはチャンスをつかんでパトリック・パッチを作ることで、ルパートにとってのニッチでチャンスである。ルパートはスライにとってのニッチだし、スライは粘着物質を作ることで、パトリックにとってのニッチの一部となる。そしてパトリックはガスにとってのニッチである。

自然という混み合った床に打ち込まれる楔は存在しない。その床自体が拡大して、パトリックとルパートとスライとガスを生み出すことで、新たなニッチを作り出す。この四者が互いのためのニッチを作り出すのだ。パトリックとルパートとスライとガスは、自然という床に、新たなひび、すなわち互いのための新たなニッチを作り出す。それと同じことが、この生物圏、そして世界経済にもおおむね当てはまる。パトリックがルパートを、ルパートがスライを生み出して、この三つの種からなる生態系を安定化させ、そこにガスが登場してパトリックにくっついたのと同じように、この生物圏と世界経済も多様性を爆発的に増大させてきた。

我々は自分たちの世界を作り、それによって互いのための余地を作っているようだ。それぞれの「自分のための存在」が、それに隣接可能な（一段階で生じうる）ニッチや余地の中に、他者にとってのさらなるチャンスを作る。その隣接可能なニッチは、魚の浮き袋の中に棲むようになった寄生虫と同じように、自らの存在によってその隣接可能なニッチそのものを作り出す住人よりも速く、爆発的に増えていく。

この生物圏と世界経済も、それとほぼ同じ方法で爆発的に多様性を増やす。それぞれの種が、さらなる新たな種のための新たな隣接可能なニッチを一つまたは複数提供し、その新たな種が、いまや可能となった新たなニッチを拡大させる。老いた木からはスパニッシュモスが垂れ下がる。新たな商品やサービスや生産能力が、さらに新たな商品やサービスが定着する方法を拡大させる。パソコンがワードプロセッシングを可能にし、それがファイル共有を可能にし、それがワールド・ワイド・ウェブを可能にし、それがウェブ上で商品を売る場所を提供し、それがウェブのコンテンツを生み出し、それがすぐにブラウザーの存在を可能にした。自動車の登場が、ガソリン産業と舗装道路の存在を可能にした。舗装道路には交通整理が必要だった。道路はモーテルとファストフード店の存在を可能にした。

自然という床は、ダーウィンが考えたように競争によって混み合っているだけでなく、それぞれの種が新たな隣接可能なニッチ、床に開いた新たな「広いひび」を提供し、その新たなニッチが、それを構成する広いひびの中に次の新たな種を招き入れる。新たな可能なニッチは、それを作り出す種よりも速く拡大する。パトリックは、一つはルパートのための、一つはガスのための、二つのニッチを作り出した。ウェブは、イーベイとアマゾンの両方の存在を可能にした。

このように、「自分のための存在」が事前言い当て不可能な形で生成して、互いに作り出す隣接可能なニッチの中で特定のチャンスをつかむ。「自然という床」は拡大して、我々が自分たちの出現よりも速く共同で作り出していく余地を、次々に蓄えていく。そうして複雑さが創発するのだ。

第9章 舞台は整った

パトリック・ザ・ファーストとその友人たちによって、舞台は整った。生命が出現し、生物圏が花開く。パトリックとルパートとスライとガスは原始細胞として、事前言い当て不可能な生成現象を引き起こす。これらは、デイマーとディーマー（Damer and Deamer 2015）が思い描いたのに似た潟の中で出現し、進化する。そして、ダーウィン的前適応と呼ばれるものによって適応する。つまり、特定の機能を実行するために選択されたのではないものの、チャンスが訪れればその機能を発揮できるような性質を有する。羽毛は体温調節のために進化し、飛行のために利用された。たとえばパトリックが持っていた、内部から突き出したペプチドは、何か別の機能のために、またはどんな機能のためにでもなく進化したが、それがたまたま石にくっつく力を持っていた。そうしてパトリックは、パトリック・ザ・ファースト固着性濾過摂食者となった。

ダーウィン的前適応については第10章でさらに述べる。前適応は事前言い当て不可能だが、進化の大部分を促している。パトリックは石にくっつくことで、単位時間あたりもっとたくさんの餌を採り、そうして新たな「種《しゅ》」が生まれる。その石はパトリックにとってのチャンスであり、パトリックは「自分のための存在」で、遺伝可能な多様性と自然選択によって「つかんだ」チャンスから恩恵を得ることができる。「自分のための存在」がなければチャンスは存在しえない。まさに自分のためのチャンスなのだ。

進化するそのような初期形態が持つ驚きの性質とは、そのそれぞれの出現によって新たな「場面状況」やチャンスが構成され、それがさらに新たな生命形態、すなわち「種」の出現を、引き起こすのではないものの「可能」にすることである。パトリックは空っぽのニッチを構成し、そこにルパートが出現する。ルパートとパトリックは共同で新たなニッチを構成し、それによってさらに別の生命形態であるスライとガスが、既存の条件としてパトリックとルパートに「依存する」形で出現することが可能となる。生命体とニッチの多様性の増大が、さらなる「種」の出現のためのさらなるチャンスを提供する。そしてそれが、さらなるチャンスを可能にするさらなる場面状況を生み出す。

パトリックと友人たちの物語でも触れたように、ダーウィンは、自然という混み合った床に生物種が楔を打ち込んで、自分たちのための余地を作るというイメージを思い描いた。しかしそれだけではない。パトリックは存在することによって、その床に新たなひびを構成し、それによってルパートの出現が可能となる。ルパートが自分でひびを作る必要はない。パトリック自体がそのひびである。ルパートはスライのためのひびで、パトリックはガスのためのひびである。種の多様性が増大するにつれて、新たなひび、新たな隣接可能な空っぽのニッチは、種の数よりも速く増えていく。多様性の爆発だ！　パトリックは、一つはルパートのための、一つはガスのための、二つのニッチを提供する。ワールド・ワイド・ウェブは、イーベイやアマゾンなどのための、無数の新たなニッチを提供した。世界経済は多様性を爆発的に増大させる。種は出現することによって、ほかの種が新たな方法で生きるための隣接可能なチャンスを作り出すのだ。

生物圏は多様性を爆発的に増大させる

リチャード・ドーキンスは有名な著書『利己的な遺伝子』の中で、進化は遺伝子の生存を賭けた、多かれ少なかれ残酷な競争であって、生命体は選択される遺伝子を載せた乗り物にすぎないと論じている。しかしこのストーリーは深い意味で不適切である。いま述べたように、パトリックは存在することによって、ルパートが出現しうる空っぽのニッチを構成する。ルパートはスライが出現しうるニッチを、パトリックはガスが出現しうるニッチを構成する。種は出現することで、文字どおり別の種が出現できる新たなニッチを作り出す。さらに、そのニッチはその新たな種の出現を引き起こすのではなく、その新たな種が新たなニッチを占めてさらに進化できるチャンスを提供する。

「牙と鉤爪を血に染めた自然」と比べて、どれほど豊かなシナリオだろう。パトリックはDNAという馴染み深い意味での遺伝子は持っていないのだから、選択されるのはパトリックの遺伝子ではない。利己的な遺伝子は存在せず、存在するのはパトリックという生命体全体だ。ドーキンスは生命体のことを忘れている。生命体が選択され、遺伝子はそれに便乗するのだ。第10章では、この同じニッチが別のダーウィン的前選択によって生成する様子を見ていく。新たな種が新たなニッチを作り、それがさらに新たな種を作る。そうしていまや何百万もの種が存在する。

この生成現象を数式で表すことはできない

先ほどは、パトリックとルパートとスライとガスのことを童話として語った。では、方程式を書き下して、通常の「世代X」原始細胞からのパトリックとルパートとスライとガスの生成を導くことはできるのか？　私にはできなかった。挑戦してみてほしい。どんな変数を書き出せばいいのだろうか？　どうすればコンピュータでこの創発をシミュレートできるのだろうか？　私には分からない。

ピタゴラスは、万物は数であると説いた。ニュートンもガリレオの主張を受けて同じことを論じた。自然は、数、すなわちキーツがこき下ろした「杓子定規」で書かれている。しかし、パトリックとルパートとスライとガスの創発を表す方程式を書き下すことができないとしたら、我々がこの世界を知るための方法は大転換を受けることになる。童話は完璧に理解できる。それを物語として語る。それ以外に何ができるというのだろうか。

これが本書のこれ以降の大きなテーマとなる。この生成現象を方程式で導くことはできない。この生成現象を含意的な法則から導出することはできない。進化する生物圏に対する運動法則を書き下すこともできないし、進化における創発に先立って、関連する変数を知ることもできないのだから。パトリックが内部から突き出したペプチドで石にくっつくだろうことは、事前には分からない。生物圏の特定の進化を数式で表すことはできないのだ。せいぜいできるのは、その進化の各側面の分布に関する統計的法則を探すことだけである。要するに、生物圏の生成を含意する法則はいっさい存在せず、それゆえに生物学を物理学に還元することはできないと、私は主張したい。この世界は機械ではないのだ。

場面状況に依存する情報

パトリックとルパートとスライとガスは、互いに関する、場面状況に依存する情報を生み出していく。ルパートは、パトリックとその習性を知るようになる。たとえばパトリックは、食べられるのを避けるために、「銃眼を設ける」、すなわちピンチに身構える術を習得する。しかしそのポーズは短時間しか取ることができないため、ルパートはずる賢く待っていれば、ときにはパトリックを食べることができる。要するに、パトリックとルパートとスライとガスは、場面状況に依存する「ゲーム」を互いにプレーしはじめる。生命体は進化して、次々に多様化するゲーム、繊細なゲームをプレーできるようになる。石にはそれはできない。貝の出水口を触って、砂の中に水を噴き出すのを観察してみてほしい。花開く生物圏の多様化とともに、場面状況に依存する情報は爆発的に増えていくのだ。

これで舞台が整った。潟から生命が誕生する。そして、束縛タスク閉回路、仕事タスク閉回路、触媒タスク閉回路という三つの閉回路のおかげで、生命は自らを物理的に構築し、原子より上のレベルの非エルゴード的宇宙の中で文字どおり複雑さを急速に高めていく。この高まりこそが、本書のタイトルである"WORLD BEYOND PHYSICS"（物理学を超越した世界）にほかならないのだ。

第10章 外適応とねじ回し

進化で何が生じるかをあらかじめ言い当てることはできるのか。多くの場合それはできないというのが、この章の厄介な結論である。パトリックが最初の固着性濾過摂食者として出現することを事前に言い当てられなかったのと同じように、何が生じるかを事前に言い当てることはできないのだ。

前適応と外適応

何度か述べてきたとおり、ヒトの心臓の機能は血液を送り出すことだが、心臓は心音を立てたり心膜の中の水を揺さぶったりもする。もしもダーウィンに、心臓の機能が血液を送り出すことであるのはなぜかと尋ねたら、こういう答えが返ってくるだろう。我々の祖先にとって、血液を送り出す心臓を持つことには選択的な利点があり、この因果的結果に頼って心臓が選択されて、我々に受け継がれたのだと。

ダーウィンは数々の見事なアイデアを持っていた。その中の一つが、もし環境が異なっていたら、血液を送り出すこととは違う何らかの因果的側面のために心臓が選択されるようになったかもしれないと気づいたことである。私の心臓は、たとえば共鳴箱として地震の前触れの震動を感知していたかもしれない。私は外に駆け出して恐ろしい地震から逃れ、有名になってたくさんの人とつがい、前触れの震動を感知できる心臓という私の優性遺伝変異が、多様な子供たちに引き継がれる。可能性は低いが、考えられないことではない。

要するにダーウィンは、現在の環境では選択的重要性を持たない、私の何らかの側面の因果的結果が、異なる環境では利用されるようになって選択されるかもしれないということに気づいた。それによってこの生物圏に新たな機能が出現する。これはきわめてありふれた出来事で、進化にとって予測の手掛かりがいっさいなく、ダーウィン的前適応と呼ばれている。S・J・グールドはこれをダーウィン的外適応と命名しなおした。

外適応は実際にありふれている。キヌタ骨、ツチ骨、アブミ骨という中耳の骨は、初期の魚の顎の骨から外適応として進化した。音の振動に敏感だったために、異なる利用法に使われたのだろう。羽毛は体温調節のために進化したが、飛行という異なる機能のために使われた。多くの細菌が泳ぐのに使っている有名な鞭毛モーターは、一気に組み立てられたのではない。その部品であるタンパク質はかつて別の用途に使われていて、それが移動のために使われるようになったのだ。

私の好きなダーウィン的前適応の例は、魚の浮き袋である。魚の中には、空気と水を蓄えた浮き袋を持っているものがいる。浮き袋の中の空気と水の比によって、深度に応じた中性浮力を調節する。古生物学者は、浮き袋は肺魚の肺から進化したと考えている。その肺の一部に水が入って、空気と水が混ざり合い、浮き袋へ進化するようになったのだ。

浮き袋の創発によって、この生物圏に、深度に応じた中性浮力の調節という新たな機能が出現したのだ。

しかしそれだけではない。パトリックがルパートにとっての新たな空っぽの隣接可能なニッチを提供したように、寄生虫や細菌が、魚の浮き袋の中だけで棲むよう進化したということはありえるのだろうか？　もちろんありえる。浮き袋は存在することによって、ダーウィンの言葉を借りれば自然という床に新たなひびを開き、その新たなひびの中で寄生虫は棲むことができるのだ。

さらにそれだけではない。浮き袋は、寄生虫が浮き袋の中で棲むよう進化することの原因だろうか？　そうではない。浮き袋は、寄生虫が浮き袋の中で棲むよう進化することを可能にしたのだ。微妙だが重要な違いである。

我々の説明に使うのは、「原因」ではなく「可能化」という言葉だ！　二〇一二年にロンゴとモンテヴィルと私は、『生物圏の進化に含意的法則は存在しないが、可能化は存在する』というタイトルの論文を発表した（Longo, Montévil, and Kauffman 2012）。この無制限の進化において我々が語るニッチの生成はすべて、可能化であって原因ではない。もっと詳しく見ることもできる。浮き袋の中に棲むという能力の進化の一部をなす、この寄生虫の変異は、それ自体ランダムな量子的出来事である。生物圏における生成現象の大部分は、可能化に関係している。エピローグで論じるように、それと同じことが進化する経済にも当てはまる。

　自然選択は、機能する浮き袋を「作り出す」上で役割を果たした。しかしはたして自然選択は、寄生虫がその中で棲むよう進化できる空っぽの隣接可能なニッチが構成されるように、浮き袋を作り出したのだろうか？　けっしてそんなことはない！　だが進化は、それを達成させる選択を起こさなくても、未来の進化の可能性を自ら作り出すのだ！　進化は、それを達成させる選択に頼らずに、未来の生成の道筋を自ら進化させるのだ！

　世界初の固着性濾過摂食者としてのパトリックのように、浮き袋が創発することを前もって言い当てることはできただろうか？　浮き袋、飛行用の羽毛、中耳の骨、ルパートとスライとガスを、事前に言い当てることはできただろうか？　いいや、できなかった。試しに、今後五〇〇万年にわたるヒトのダーウィン的前適応をすべて、事前に言い当ててみてほしい。そんなことはできない。その理由は、この後すぐ、ねじ回しについて論じたときに分かるはずだ。

　しかしそこからとてつもないことが言える。我々は何が起こるかを知ることができないだけでなく、何が起こりうるかを知ることすらできないのだ。いかさまのないコインを一〇〇〇回トスすることと比べてほしい。表は五四〇回出るだろうか？　分からないが、二項定理を使ってその確率を計算することはできる。何が起こるかは分からない。しかし何が起こりうるかは分かる。一〇〇〇回のコイントスによる、2^{1000}通りのすべての結果だ。このプロセスの標本空間は知ることができる。しかし外適応による生物圏の進化では、それすらも知ることはできないのだ！　何が起こりうるかさえも分からないのだ。

標本空間が分からないのだから、起こる事柄に対する確率測度を定式化することもできない。

このことからのちほど導かれるとおり、生物圏の特定の進化に対する法則を書き下すことはできず、生物圏における生成現象はいっさいの法則に含意されてはいないのだから、進化する生物圏は機械ではないのだ。

ねじ回しのたくさんの使い道

ありふれたねじ回しをお渡ししよう。そこで、たとえば二〇一七年のニューヨークにおけるねじ回しの使い道をすべて列挙してほしい。やってみよう。ねじを回すこと、ペンキの缶を開けること、窓からパテを削ぎ落とすこと、人を刺すこと、美術品として展示すること、背中を掻くこと、扉に挟んで開けておくこと、窓の突っ張り棒にして開けておくこと、扉に差し込んで開かないようにすること、棒に結わえて魚を突くこと、その銛を、捕まえた魚の五パーセントと引き換えに貸し出すこと、などなど。

ねじ回しの使い道の数は無限大だろうか？　いいや、ねじ回しの使い道のように離散的な事柄が「無限大」であるためには、整数において0, 1, 2, 3, ... N, $N+1$, ... というように、帰納が必要となる。しかし、ねじ回しの使い道がN通りあったとして、次の$N+1$番目の使い道とは何だろうか？　無限大までのすべてのNに対して、次の使い道を永遠に列挙することはできるだろうか？　いいや、できない。

ねじ回しの使い道の数は不定である。あなたは「不定」であることを受け入れるだろうか？　もし受け入れたら、あなたの命も終わりだ。

ここで四つのレベルの尺度を頭に置いてほしい。①名義尺度は単なるものの名前の集合のことで、その集合のメンバー間に順序関係は存在しない。②半順序尺度は、もしXがYより大きくてYがZより大きければ、XはZより大きいとなるような尺度である。③間隔尺度は、温度計のように、0度から1度までの距離と1度から2度までの距離が等しいが、0度には意味がないようなものである。④比尺度は、2メートルが1メートルの2倍である物差しのようなものである。

ねじ回しのいくつもの使い道は、単なる名義尺度である。ねじ回しのそれぞれの使い道のあいだに順序関係はないし、一定の間隔も存在しない。

ここで二つの主要な結論を主張したい。①ねじ回しのすべての使い道を列挙することのできる、規則に従った手順、いわゆるアルゴリズムは存在しない。②ねじ回しの次の新たな使い道を列挙することのできるアルゴリズムは存在しない！

これらの主張は正しいと私は信じている。ねじ回しのすべての使い道を挙げることも、ねじ回しの次の新たな使い道を導くこともできないのだ。

しかしダーウィン的前適応、すなわち外適応は、ねじ回しの新たな使い道にほかならない。したがって、新たな環境における細菌の外適応進化で起こるのは、いわば分子版のねじ回しが、その環境におけるその細菌の適応度を高めるような使い道を見つけることだけである。遺伝可能な多様性と自然選択があれば、進化する生物圏の中で、その新たな使い道、ひいては新たな機能が創発する。パトリックは、自らのペプチドを石にくっつけることで、最初の濾過摂食者となる。しかし先ほどの議論によれば、ねじ回しのその新たな使い道を事前に言い当てることはできないのだから、この新たな機能も事前に言い当てることはできない。生物進化の標本空間を知ることはできず、そのためその生成は機械ではない。ダーウィン的前適応、すなわち外適応はすべて何かの流用であって、事前に言い当てることはできない。さらに、適応度を高めるような使い道の発見は適者出現にほかならず、その問題をダーウィンはけっして解決できなかった。

我々はゲーデルの定理を乗り越えているのではないかと思う。ゲーデルの定理とは、十分に豊かな公理の集合が与えられた場合、それらの公理からは形式的に決定不可能である言明が存在するというものである。その言明を新たな公理として追加すると、新たな決定不可能な言明が生じてしまう。ねじ回しに関する先ほどの主張は、公理の集合を利用してこの定理を定式化したゲーデルを乗り越えていると思う。生物圏の進化は手当たり次第で偶然だが、完全にランダムではないため、公理の集合は存在しない。生命を特定の生成現象において数式化することはできず、進化の詳細に関する理論への期待は、私が考えるに初めから挫折する運命にあるのだ。

応急処置と雑多な事柄

図10・1は、私が好きな応急処置の例である。シドニー大学の同僚イアン・ウィルカーソンが、天井から雨漏りがしたので、友人の職人に手を貸してもらうことにした。すると職人は、雨漏り箇所の下に漏斗を取り付けて、そこからチューブを玄関の外の手すりまで伸ばし、地面の近くまで垂らして、徐々に流れ出るようにした。さらに、家のランプのぶら下がっている位置が低すぎたため、チューブより上までランプをたぐり上げた。応急処置に対する応急処置だ。

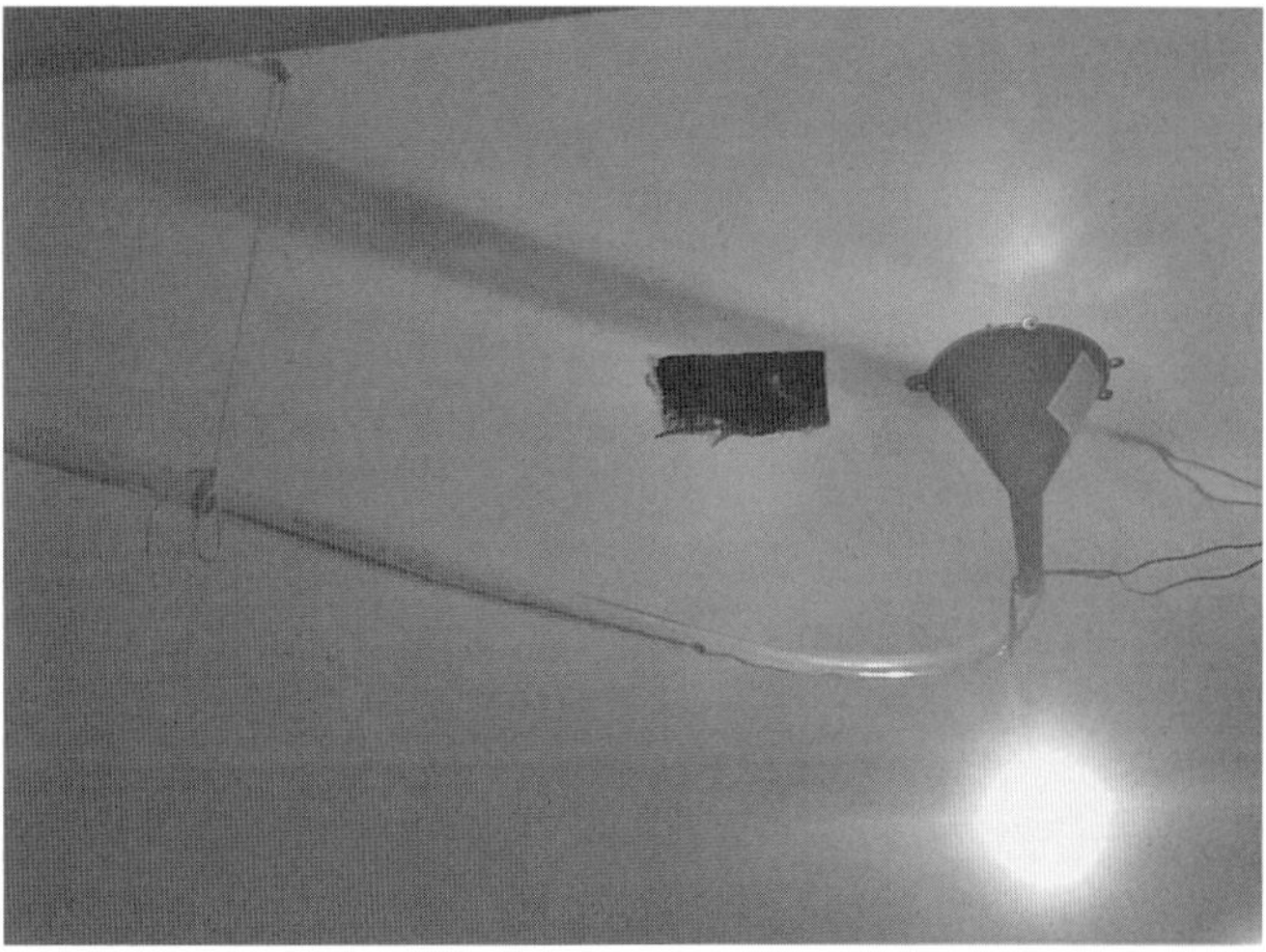

図 10.1　応急処置：ブリコラージュ（Jacob 1977）。

すべてうまくいったが、数日後にきちんと修理した。

応急処置とは何か？　一連のものやプロセスを、その設計目的とは違う目的のために使うことで、何らかの問題を解決することである。

我々はみな、たえず応急処置をおこなっている。汎用的な応急処置キットが何か、あなたは知りたいかもしれない。ダクトテープと潤滑オイルだ。動いてしまうのであれば、テープで固定する。固まって動かないのであれば、潤滑オイルを差す！　どうしようもなくなったら、ダクトテープで何かこしらえる。

応急処置の演繹的理論を導くことはできるだろうか？　いや、できない。

どんなものがそれに当てはまるというのだろう。ふさわしい解決法を見つけるためにものやプロセスに当てはめる新たな使い道は、配管の漏れや自転車の車輪の破損といった特定の場面状況によって変わってくる。さまざまな問題を解決するための応急処置の演繹的理論は存在しないが、それでも我々はつねに応急処置をおこなっている。我々には発明の才能がある。進化もそうだし、とくにパトリックもそうだ。そして誰も、自分たちが何を発明するか、自分たちの発明から何が発明されるかを、前もって予測することはできない。

しかし言えることはまだある。道具やペーストや糸、テープやばねなど、いろいろなものがたくさんあれば、応急処置はもっと容易になるのだろうか？　ものがたくさんあったほうが容易になるのだ。

それと同じことが、生物圏の進化にとっても重要である。外適応は、生命にとっての問題に対する応急処置的な解決法である。多様なものとプロセスが豊富にあればあるほど、生物が応急処置を、あるいは少なくとも何かをするのは容易になる。

材料がたくさんあってものがたくさんあれば、それだけ「いじり回す」のは容易になる。フランス語にはそのための表現が二つある。machinez le trucとtrucez le machineである。あれをこうして、これをああする。それがF・ジェイコブの言う、進化の「ブリコラージュ」（あり合わせのものの利用）である（Jacob 1977）。

パトリックがルパートを生み出し、スライを生み出し、ガスを生み出し、と続いていくにつれて、互いに作用し合う多様な生物が次々に出現し、応急処置的な外適応のための新たな隣接可能なチャンスが増えていく。そしてそれらの外適応が新たな生物や新たな特徴を作り出せば出すほど、全体的な「場面状況」はますます拡大し、さらなる外適応がさらに容易に起こるようになる。ひるがえってそれが、さらに新たな生物を作るのだ！

生物圏は多様性を爆発的に増大させて、ダーウィンの言う自然という床に次々に多くのひびを作り、拡大しつづけるそれらのひびがやがて、自然という床そのもの、自然そのものになるのだ。

第11章 物理学を超越した世界

この章の狙い、というよりも、本書の話を進めてきたおおもとの目的は、生命は物理学に根ざしてはいるものの、物理学を乗り越えて、この世界の中で生きていく事前言い当て不可能な無数の方法を獲得するのだというのを示すことである。生命システムは、束縛閉回路、仕事サイクル閉回路、触媒閉回路という三つの閉回路のおかげで、文字どおり自らを構築し、原子より上のレベルの非エルゴード的宇宙の中で、終わりのない複雑さへと自らを構築していく。この奇跡を記述する法則も、含意する法則も存在しないのだ。

エントロピーと進化

有名な熱力学の第二法則によれば、閉じたシステムでは無秩序さ、すなわちエントロピーは増大する。一方で進化は、生物圏を構成する生命体や生態系のすさまじい複雑さと組織構成が増大する物語にほかならない。では第二法則は、生物圏の複雑な生成を不可能にするのだろうか？　その答えは「ノー」だ。第一に、開いたシステムであれば、質の高いエネルギー、たとえば青色の光子が入ってくることで、たとえば光合成における熱力学的仕事をおこなって、もっとエネルギーの低い赤色にシフトした光子を放出することが可能になる。このプロセスではもちろんエントロピーが生成される。

しかしそれだけでなく、束縛閉回路と仕事サイクル閉回路、および触媒閉回路という三つの閉回路の連合によって、原始細胞やのちの細胞はまさに、自らを構築する熱力学的仕事をおこない、それによって得られる自由エネルギーを利用し、それによってエントロピーを生成する。原始細胞やのちの細胞の遺伝可能な多様性と自然選択が与えられれば、急拡大する生物圏の生物は自らを構築し、相互に生み出す複雑さを高めていく。それを、エントロピーの増大による劣化よりも速くおこなう。秩序が勝つのだ。

ニッチの生成は自己増幅的である

第10章で述べたように、道具箱の中に道具が多ければ多いほど、応急処置は容易になる。また進化の大部分は、ダーウィン的前適応、すなわち、パトリックのペプチドのように「何か別の目的」のための器官や特徴を、事前言い当て不可能な形で利用することによる。

原始生命体や生命体——パトリックやルパートやスライ——の多様性の増大は、さらに多くのニッチを作り出し、それによって「場面状況」の多様性が増大し、それによって隣接可能な「使い道」の多様性が増大し、それによって、チャンスを爆発的に増やす生物圏における新たな生き方を見つけるのがますます容易になる。

これらのニッチが、次々に新しい事前言い当て不可能な生命体によって埋められることで、さらに新たな場面状況とチャンスが作られる。システム全体が自己増幅的な形で「爆発」し、それ自体が作り出す隣接可能性へと拡大していく。そして先ほど述べたとおり、選択だけではこの創発的な生成の魔法が達成されることはない。

これと同じ主張が世界経済にも当てはまる。世界経済は、たとえば五万年ほど前の石器など、約一〇〇〇種類の商品やサービスから、今日の数十億種類へと、多様性を爆発的に増大させてきた。生物圏の中の生物種と同様に、商品やサービスは、次々に新たな商品やサービスのためのニッチを提供し、現在存在するものからそれらが出現することを可能にする。IBMのメインフレームコンピュータは、アップルなどのメーカーのパソコンとチップの発明の原因ではなかったが、作り出した市場を通じてそれを可能にした。パソコンやチップは、ワードプロセッサーやスプレッドシート、マイクロソフトなどの企業の出現の原因ではなかったが、それらを可能にした。ワードプロセッサーやマイクロソフトなどはモデムやファイル共有の出現の原因ではなかったが、それらを可能にした。モデムやファイル共有はワールド・ワイド・ウェブの出現の原因ではなかったが、それを可能にした。ワールド・ワイド・ウェブはイーベイやアマゾンによるウェブ上での商品販売の原因ではなかったが、それを可能にした。ウェブ上での商品販売はグーグルなどのサーチエンジンの出現の原因ではなかったが、それを可能にした。パソコンから始まる新商品の一つ一つが、前者によって可能となった構成要素である。驚くことに経済成長理論では、これらの事実は無視されているようだ。

要するに、生物圏と「経済圏」において、ニッチの生成は自己増幅的である。どちらの場合にも、現在のシステムが、そのシステムが「吸い上げられていく」事前言い当て不可能な隣接可能性を可能にする。我々は次に生成しうる存在になり、我々自身がその可能性そのものを作る。魚の浮き袋が、寄生虫がその中で棲むよう進化するという可能性を作るのだ。
これこそが生命である。創発し、複雑で急拡大し、事前言い当て不可能で、多様性を増していき、爆発的に豊かになる生成現象。我々はこの無数の奇跡の一員なのだ。

法則を超えて：生物学を物理学に還元することはできない

第2章で述べたように、生物学を物理学へ還元できないのは、物理学では因果的結果の部分集合としての機能を判別できないからである。心臓の機能は血液を送り出すことであって、心音を立てることではない。さらに生物学において、この宇宙にそのような機能、たとえば心臓が存在することの唯一の理由は、それが部分をなす生命形態の増殖と選択を助けることである。原子より上のレベルの非エルゴード的宇宙に心臓が出現したのは、それが部分をなす生命体を維持させる、血液を送り出すという機能のために選択されたからにすぎない。しかし三七億年前に、心臓や魚の浮き袋が創発することをゼロから演繹することはできない。

それだけではない。生物進化の相空間を事前に言い当てることすらできないのだ。

物理学では、システムの相空間は必ず事前に指定される。ニュートン力学の場合、運動の三法則が与えられたとして、相空間は、たとえばビリヤード台の縁といった境界条件によって定められる。それを踏まえれば、取りうるすべての位置と運動量、すなわち、台の上で球が運動するすべての方法からなる、相空間と呼ばれるものを定義できる。そうしたら、ニュートンの三法則を微分方程式の形で書き、初期条件と境界条件から、その方程式を積分することで球の軌道を解く。

ニュートンの方程式を積分すれば、初期条件と境界条件が与えられたときの、球の軌道を表す微分方程式の帰結を演繹したことになる。しかし演繹は論理的含意にほかならない。「人はみな死ぬ。ソクラテスは人である。ゆえにソクラテスは死ぬ」。演繹の持つ論理的な力を感じてほしい。

このビリヤード台に当てはまることは、古典物理学全般にも当てはまる。ローゼンが言ったように（Rosen 1991）、ニュートンはアリストテレスの言う作用因を、そのような演繹として数式化した。ニュートン世界の機械の生成は、この宇宙の初期条件とニュートンの法則に論理的に含意されているのだ。

しかし生物学は違う。生物学的機能も、生物進化の相空間の一部である。水に向けて伸ばされるゾウの鼻、耳介および中耳骨と聴覚、血液を送り出す心臓、深度に応じて中性浮力を感知する浮き袋。

だが、次々に出現する新たな機能性からなる、つねに変化する相空間を、事前に言い当てることはできないのだ！　したがって、この創発を表す運動法則や運動方程式を書き下すことはできない。ゆえに、含意的法則を導くための方程式を我々は持ち合わせておらず、その運動方程式を積分することはできないのだ。

生物圏の生成を含意する法則は存在しない

パトリックとルパートの時代から、真核細胞、性、多細胞生物、あるいは、初期の動植物の多様性爆発という特定の驚異を伴って、我々、魚、両生類、爬虫類、哺乳類、霊長類の到来を予期させたカンブリア爆発、さらには、これまでに出現してきた特定のタンパク質に対する、それぞれの運動法則を書き下すことはできない。我々は、事前言い当て不可能で、文字どおり想像しようのない、無数の創発的生成現象の中で生きている。特定の創発に対する法則を書き下すことはできないのだから、我々は物理学に基づいてはいながらも、物理学を超越しているのだ。

ニュートンの法則および全粒子の現在の位置と運動量からこの世界を演繹できるラプラスの悪魔は、機械を演繹することはできるが、生物の世界はそのような機械ではないのだ。

還元主義の失敗

生物圏はこの宇宙の一部である。還元主義、ワインバーグの崇高な夢である最終理論は、この宇宙に生成する万物を演繹できる、すなわち万物を含意するものである。しかし生物圏の生成を含意する法則は存在せず、かつ生物圏はこの宇宙の一部なのだから、還元主義は失敗する。最終理論は存在しないのだ。

生命は、束縛閉回路、仕事閉回路、触媒閉回路という三つの閉回路のおかげで、ちょうど木が太陽に向かって伸びるように、自らを文字どおり構築する。生命は、言い表しようのない創造性の集中砲火の中で、ダーウィンの言う自然という床に自らが自らのために作り出したひびに、自らをこじ入れる。我々は、パトリックから微生物の世界、真核細胞の世界、植物と動物の世界、そしてダーウィンの言う「もっとも美しい形態」へと進んできた。

この壮大な創発的生成は、物理学に基づいていながらも、物理学を超越している。自らを共構築し、宇宙のこの場所、およびあらゆる生物圏で、壮大な進化的多様化を可能にする、生命そのものである。

10^{22}個存在すると推計される恒星系の中でもし生命がありふれていたとしたら、自己構築して多様化するその生成現象はこの宇宙に満ちあふれていて、物理学を超越し、進化する宇宙全体で創発して増大する複雑さの中で、物理学と同じくらい壮大なのかもしれない。

この世界は物理学を超越しているのだ。

エピローグ　経済の進化

本書のところどころで、生物圏の進化と経済の進化との類似性にそれとなく触れてきた。このエピローグでは、それらの考え方を発展させていきたい。五万年前、世界経済の多様性は、火、単面の石べら、毛皮など、数千種類の商品やサービスに限られていただろう。しかし今日では、ニューヨークだけでも一〇億種類を超える商品やサービスが存在するに違いない。世界経済は多様性を爆発的に増大させてきた。問題は、その爆発的増大がどのようにして、そしてなぜ起こったかである。

経済は、この後もう少し詳しく述べるように、補完物と代替物のネットワークであって、私はこれを「経済網」と呼びたい。そして生物圏と同じく、その進化はおおむね事前言い当て不可能で「場面状況依存的」であり、拡大する自身の「場面状況」を作り出しては、「隣接可能性」を定めていく。隣接可能性とは、この進化の中で次に生じうるもののことである。この進化は、まさに自らが作り出した、隣接可能性というチャンスへと「吸い上げられていく」のだ。

ここでは、単一のテクノロジーの豊かな進化については考えたくない。それについては、ブライアン・アーサーが著書『テクノロジーとイノベーション』の中で見事に論じている（Arthur 2009）。一方で私は、経済網全体の進化について論じたい。これから見るように、商品やサービスはまったく新たなニッチを作り出し、それが新たな補完物や代替物の誕生をもたらして、経済網全体が多様性を増大させていく。

経済網とは何か

その中核をなす二つの概念が、補完物と代替物である。ねじとねじ回しは、一緒に使われることで、ねじを回すといった価値を生み出す。したがってこれらは互いに補完物である。ねじと釘はどちらも、二枚の板を一緒に固定するために使うことができる。したがってこれらは互いに代替物である。経済網は、あらゆる商品やサービスからなるネットワークである。点で表されるそれぞれの商品やサービスから、その補完物であるすべての商品やサービスに向かって青い線が伸びていて、同じくその代替物であるすべての商品やサービスに向かって赤い線が伸びている。商品やサービスは何十億種類も存在するため、このネットワークはとてつもなく複雑である。

「必要性」の二つの意味

商品やサービスに加えて存在するのが、必要性である。第一の意味として、ある商品にとっての「必要性」は、その補完物にとっての必要性でもありうる。ねじは、ねじ止めに使われる際に、ねじ回しを「必要」とする。第二の意味での必要性は、我々人間がしばしば二枚の板を一緒に固定する必要があることに相当する。ある商品やサービスに対する需要は、突き詰めれば我々の目的と必要性に左右される。後者は、経済学における効用理論の基礎である。効用理論では、一人の人間の観点から、たとえばリンゴとオレンジなど複数の商品のあいだのトレードオフを、しばしば数学的に見定めようとする。

経済的チャンスは一般的に、この両方の意味で言うところの、満たされない必要性に対応して存在する。多くの経済学者は第二の意味に焦点を合わせるが、特定のテクノロジーを利用するにはその補完物が必要であるため、経済網の進化の大部分は第一の意味の必要性によって促される。そのため新たなテクノロジーは、新たな補完物を「必要」とすることで、経済成長を促す。その必要性が経済的チャンスにほかならない。第二の意味で、我々人間は、文書作成の便宜のためにワードプロセッサーを「必要」とする。そのためワードプロセッサーは、その必要性、ひいては需要を満たすという経済的チャンスの中で出現した。

IT産業の進化の概略

情報技術の世界は、過去八〇年にわたって爆発的に進化してきた。一九三〇年代にチューリングが、デジタルコンピュータの抽象的なモデルであるチューリングマシンを発明した。第二次世界大戦中、チューリングのこのアイデアをもとに、ペンシルヴァニア大学で、海軍の砲弾の軌道を計算するＥＮＩＡＣマシンが作られた。戦後、フォン・ノイマンがメインフレームコンピュータを発明し、それからまもなくしてＩＢＭが、わずか数台の売り上げを見越して初の商用コンピュータを製造した。しかしメインフレームは幅広く売れ、チップの発明によってパソコンへの道を進んだ。

注意しなければならないのは、メインフレームがパソコンの発明の原因だったのではなく、メインフレームが作った幅広い市場が、拡大する市場にパソコンが比較的容易に浸透することを可能にしたということである。さらに、技術史の中でスプレッドシートは、パソコン市場の爆発的拡大の原因となったキラーソフトとして形容されることが多い。スプレッドシートはパソコンの補完物である。そのそれぞれがもう一方の市場シェアの獲得を助けたのだ。

パソコンは、ワードプロセッサーの発明や、マイクロソフトなどのソフトウエア企業の出現の原因ではなく、それを可能にした。マイクロソフトはもともと、ＩＢＭパソコンのオペレーティングシステムを作るために設立された。

ワードプロセッサーの発明と膨大なファイルが、ファイル共有の可能性を促し、モデムが発明された。ファイル共有の存在は、ワールド・ワイド・ウェブの発明の原因ではなく、それを促した。

ウェブの存在は、ウェブ上での商品販売の原因ではなく、それを可能にし、そうしてイーベイやアマゾンが出現した。イーベイやアマゾンは、ほかの無数のユーザーと同じく、ウェブ上にコンテンツを置き、ウェブブラウザーの発明と、グーグルなどの企業の出現を可能にした。

さらに、ソーシャルメディアやフェイスブックが続いた。

ここで、これらの相次ぐ発明品がほぼいずれも、それに先立つものの補完物であることに注目してほしい。既存の商品やサービスは、そのそれぞれの状態において、次の商品やサービスが創発する「場面状況」となる。ワードプロセッサーはパソコンの補完物、モデムはワードプロセッサーの補完物、膨大な数のモデムが相互接続したウェブは、ファイル共有の補完物、さらにはそれ以上のものである。ファイル共有のチャンスが、モデムの発明を「促した」のだ。

改めて念を押すが、場面状況としての商品やサービスは、次の商品やサービスの発明と導入の原因ではなく、それを可能にする。「可能化」という言葉が物理学で使われることはない。

自動車産業についても同様の歴史を語ることができる。自動車の発明と出現は、主要な交通手段としてのウマを絶滅させた。ウマとともに、鍛冶屋、馬車、馬車の鞭、柵囲いも姿を消した。自動車とともに、オイルとガソリンの産業、舗装道路、交通整理、モーテル、ファストフード店、郊外社会、そして、街への出勤のために自動車を必要とする郊外居住者が出現した。ガソリンは自動車の補完物、モーテルも自動車の補完物である。この進化の各段階が、次の段階を生み出したのだ。

経済網の隣接可能性

メインフレームとパソコンが存在すれば、ワードプロセッサーは経済網の隣接可能性における一つのチャンスとなる。現実と隣接可能性はそれぞれ、現在何が存在しているかと、現在の実際の場面状況によって次に何が出現可能になるかに相当する。隣接可能性の中で次に出現するものは、現在存在するもの、すなわち現実そのものから創発する。一般的に、経済網の次の進化は、現在の現実が何であろうがそこから生まれ、現在の現実が可能にする隣接可能性へと流れていく。

アルゴリズム的な隣接可能性

レゴの世界を考えてほしい。膨大な数のレゴブロックからスタートし、的《まと》のようなリング状の同心円の中にそれらを置いていく。リング1の中には、最初のレゴブロックから一回の「正当な」組み立て、いわばチェスの「手」で作ることのできる、すべての物体を置く。リング2の中には二段階で構築可能なすべての物体を置き、リングNの中にはN段階で構築可能な……、と無限大まで続けていく。たとえばリング7の中に「現在」存在するレゴブロック構造体は、次に一回の正当な手で構築できるすべてのレゴ構造体の隣接可能性を解き放つ。「正当な」レゴ組み立ての手が存在するという意味で、この世界は完全に「アルゴリズム的」である。たとえば、二個のブロックをカチッとつなぎ合わせる代わりに、粘着テープを使ってくっつけることは許されない。

だがいまから述べるとおり、経済における真の隣接可能性はアルゴリズム的ではなく、事前言い当て不可能である。

新たな商品、サービス、生産機能は、新たな組み合わせとして出現しうる

ライト兄弟の飛行機を考えてほしい。これは、軽量のガソリンエンジン、翼、自転車の車輪、プロペラを組み合わせたものである。印刷機は、ブドウ搾り器と可動活字を新たに組み

合わせたものである。多くの新商品はこのように組み合わせで作られている。たとえばセスナの後部に取り付けたパラシュートは、空力ブレーキとなった。アーサーも『テクノロジーとイノベーション』の中で同じ点を指摘している（Arthur 2009）。

このように新たなテクノロジーは、現在存在する複数のテクノロジーから生まれる。現実がその隣接可能性へと流れていくのだ。

したがって経済網は、自身の「チャンス」を作り出すことで、自身が作り出す隣接可能性へと拡大していく。

非アルゴリズム的で事前言い当て不可能な経済の隣接可能性

レゴの世界は、正当な、および非正当な組み立ての手を持っていて、アルゴリズム的である。実際の経済はそこまで制約を受けてはいない。本書の本文で、「ねじ回しの議論」と応急処置について論じた。そして、ねじ回しのすべての使い道を列挙できるアルゴリズムも、ねじ回しの次の使い道を列挙できるアルゴリズムも存在しないと結論づけた。

それでも我々はつねに、ねじ回しの新たな使い道を見つけている。ジェームズ・ボンドがピンチの時にねじ回しを使って状況を有利に変える場面を思い出しさえすればいい。だがそれらの新たな使い道は、一般的に事前言い当て不可能である。

さらに、それらの新たな使い道は、革新のまさに中核をなしている。いまや産業界でもそれが認識されつつある。たとえば「クラウドソーシング」について考えてみてほしい。「やあ、みんな、僕の新しいガジェットは何に使えるかな?」したがって、現在実在するものによって可能となる、ものやプロセスの革新的な新たな使い道によって、経済網はその隣接可能性へと事前言い当て不可能な形で拡大していく。

ある魅力的な実話が、そのことを実証している。十数年前、iPhoneが登場した頃、一人の男が東京で暮らしていた。生まれたばかりの子供と一緒に小さなアパートに住んでいて、部屋は何冊もの本で狭苦しかった。すると彼は、その本をすべて自分のiPhoneにコピーして売り払えば、部屋にもっと余裕ができると気づいた。原始細胞パトリックのように、自分にとってのチャンスに気づいたのだ。東京ではほかにもたくさんの家族が、狭苦しい部屋に住んでいた。彼はそれらの家族を訪ねて、自分のiPhoneで本をコピーして売り払いましょうと持ちかけ、報酬としてその売り上げの一部をもらったのだ! 彼の事業は成功し、いまではそれ自体がコピーされている。彼にとってのチャンスとは何だったのか? 狭苦しい部屋、iPhone、古本市場である。この新たな事業は彼の革新だった。

一つの重要な結論にたどり着いた。経済網の拡大は、それ自体が作り出す隣接可能性へと「吸い上げられていく」のだ。

隣接可能性の「サイズ」を知るのは不可能である

隣接可能性の「サイズ」を測ることはできない。その中に何があるかは分からない。いかさまのないコインを一〇〇〇回トスしたら、表は五四〇回出るだろうか？　分からないが、二項定理を使ってその確率を計算することはできる。何が起こるかは分からないが、何が起こりうるかは分かる。いかさまのないコインを一〇〇〇回トスしたときの、2^{1000}乗通りの可能な結果はすべて分かる。このプロセスの標本空間は知ることができる。

しかし、隣接可能性への経済の進化の場合、標本空間は分からないのだ！　そのため、確率測度を求めることはできない。だから隣接可能性のサイズを知ることはできないのだ。

場面状況の多様性と使い道の多様性

ねじ回しの使い道の数は、場面状況の多様性に左右される。空っぽの空間では、ねじ回し自体はたいしたことには使えないが、二〇一七年のニューヨークでは、それ単独で、またはほかのものと一緒に使って、たくさんのことができる。

本文中で応急処置について少し考えてみた。そして、応急処置の演繹的理論は存在しえないと結論づけた。しかし言えることもあるように思える。ある問題に直面したとき、ねじ回しといった単一のものやプロセスで応急処置をするのと、ねじ回し、ダクトテープ、靴べら、古い電池、針金、釘、布きれなど、たくさんのものを組み合わせて応急処置をするのとでは、どちらがうまくいくだろうか。

当然、一つのものよりもたくさんのものが手元にあったほうが、応急処置は簡単だ。少なくとも現段階ではこれを定量化できそうにないが、正しいのは明らかだろう。

要するに、「場面状況」の多様性、いまの場合で言えば利用できるものの数は、それらを組み合わせることでおこなうことのできる「事柄」の数と相関している。空っぽのガレージよりも、ものであふれたガレージのほうが、もっと容易に新たな目的に利用できる。

拡大するネットワークは、それ自身のさらなる拡大のための、拡大する場面状況になる

新たな商品やサービスや生産能力が出現するにつれて、それらが提供する場面状況が拡大し、それらの補完物や代替物としてさらに多くの新たな商品やサービスや生産能力が出現しうる。商品やサービスや生産機能の多様性が高い経済は、空っぽのガレージよりも、「もの」であふれたガレージのほうに似ている。ものであふれたガレージのほうが応急処置をおこなうのは容易だし、すでに商品やサービスや生産機能であふれている経済のほうが、新たな商品やサービスや生産機能を考案するのは容易である。しかし新たな商品やサービスや生産機能は、その「ガレージ」をさらにものであふれさせるばかりである。したがって驚くこ

とに、経済はそれ自体の隣接可能性を拡大させ、その拡大とともにその拡大自体を増幅させる。このプロセスは概して自己加速的である。

それゆえに、拡大する経済網は、補完物と代替物の多様性を、五万年前の一〇〇〇種類や一万種類の商品から、今日の数十億種類へと、爆発的に増大させているのだ！

しかし本文で述べたように、それと同じことが、進化する生物圏における、パトリックとルパートとスライとガスから始まる、過去六億年の顕生代での生物種の多様性の拡大にも当てはまる。新たな生物種が、さらなる新たな生物種のためのニッチを文字どおり生み出す。そして新たな商品が、さらなる新たな商品やサービスや生産能力のためのニッチを生み出す。

標準的な経済成長モデルに対する短いコメント

ここまで概略を述べてきた事柄は、ほとんどの標準的な経済成長モデルとは大きく異なる。それらのモデルは、経済をネットワークとしてではなく、事実上一種類の製品を作る単一のセクターとしてモデル化する。そして、資本や労働力や人間の知識、投資や貯蓄といった入力因子を考慮して、成長をモデル化できる微分方程式を書き下す。ある程度はうまくいくが、我々の経済網のように、次々に新たな商品やサービスを生み出す経済には当てはまらない。

隣接可能性の初歩的な統計モデル

前に述べた、事前言い当て不可能な進化に対する数学モデルは、現段階では存在しない。ただしS・ストロガッツとV・ロレートが（Loreto et al. 2016）、重要な一歩を踏み出してはいる。隣接可能性の初のモデルを示したのだ。そのおおもとは、数学でポリアの壺モデルと呼ばれているものである。このモデルでは最初に、黒いボールが五〇パーセント、白いボールが五〇パーセント入った壺を考える。その壺から、プレイヤーがランダムにボールを一個取り出す。取り出したのが白い（または黒い）ボールであれば、そのボールを戻して、さらに白い（または黒い）ボールを一個追加する。ここで問題。長い時間が経過したとき、白いボールの割合は安定的にどのようになっているか？　答えは、「〇パーセントから一〇〇パーセントまでのすべての値を等確率で取る」。つまり、黒いボールが六九パーセントで白いボールが三一パーセントのこともあれば、黒いボールが〇パーセントで白いボールが一〇〇パーセントのこともある。

ストロガッツとロレートによるその変形版のモデルでは（Loreto et al. 2016）、二色以上のボールからスタートする。取り出したボールはすべて壺の中に戻す。しかし、それまでに出たことのない色のボールが出てきたら、それを戻した上で、ランダムな新しい色のボールを追加する。その新しい色は、新たな隣接可能性をモデル化している。このプロセスを際限なく続ける。すると、それぞれの色が冪乗則に従って分布し、ジップの法則とヒープスの法則の両方に当てはまる。ランダムな新しい色は、知りようのない隣接可能性をモデル化する最初の一歩となる。大量のデータでジップの法則とヒープスの法則の両方に当てはまることは、期待が持てる結果だ。

見事なモデルだが、色付きボールの子孫からなる、分岐して互いに独立した血統の一つにすぎないため、我々の求める条件はまだ叶えられない。赤いボールがオレンジ色のボールを生み、オレンジ色のボールが青いボールを生むだけだ。血統間のクロストークによって新たな色の組み合わせ的生成が増幅されることはないが、経済網の進化では、古い補完物や代替物から、以前の一つまたは複数の商品の新たな応急処置的組み合わせによって、新たな補完物や代替物が生じる。いずれ、単一の、あるいは一連の優れたモデルを構築できるようになることを期待している。

このエピローグでは、本文中で示した生物圏の非含意的進化に関する考え方を拡張した。生物種が互いのニッチを作り出し、事前言い当て不可能なダーウィン的前適応によって、進化する生物圏の隣接可能性へと適応していく様は、経済の進化における同じ一連のプロセスとそっくりに思える。いずれの場合にも生命は、応急処置のために次々に新たに考案された「もの」であふれたガレージのように、未来の生成現象にとっての自身の膨大な可能性を生み出すのだ。

これを、何らかの公理の集合からその特定の生成現象を演繹できる、ニュートン＝ラプラス的な機械と考えるのは、深い意味で間違っているように思える。生命、そしてその中の我々は、私が考えるに、含意的法則ではとらえられない遺産と可能性に満ちあふれているのだ。

the Emergence of Novelties." In *Creativity and Universality in Language, Lecture Notes in Morphogenesis*, edited by M. Degli Esosti et al. Basel, Switzerland: Springer International Publishing.

Montévil, Maël and Matteo Mossio. (2015). "Biological Organisation as Closure of Constraints." *Journal of Theoretical Biology* 372: 179–191. http://dx.doi.org/10.1016/j.jtbi.2015.02.029

Prigogine, Ilya and Gregoire Nicolis. (1977). *Self- Organization in Non-Equilibrium Systems*. New York: Wiley.

Pross, Addy. (2012). *What Is Life? How Chemistry Becomes Biology*. Oxford, England: Oxford University Press.

Rosen, Robert. (1991). *Life Itself*. New York: Columbia University Press.

Schrödinger, Erwin. (1944). *What Is Life?: Mind and Matter?* Cambridge, England: Cambridge University Press.

Segre, D., D. Ben-Eli, and D. Lancet. (2001). "Compositional Genomes: Prebiotic Information Transfer in Mutually Catalytic Noncovalent Assemblies." *Proceedings of the National Academy of Sciences USA* 97: 219–230.

Serra, Roberto and Marco Villani. (2017). *Modelling Protocells: The Emergent Synchronization of Reproduction and Molecular Replication*. Dordrecht, The Netherlands: Springer.

Snow, Charles Percy. (1959). *The Two Cultures*. London: Cambridge University Press.

Sousa, F. L., W. Hordijk, M. Steel, and W. F. Martin. (2015). "Autocatalytic Sets in E. coli Metabolism." *Journal of Systems Chemistry* 6: 4.

Vaidya, N., M. L. Madapat, I. A. Chen, R. Xulvi- Brunet, E. J. Hayden, and N. Lehman. (2012). "Spontaneous Network Formation Among Cooperative RNA Replicators." *Nature* 491: 72–77. doi 10.1038/nature11549.

von Kiedrowski, G. (1986). "A Self- Replicating Hexadesoxynucleotide." *Angewandte Chemie International Edition in English* 25, no 10: 932–935.

Wagner, N. and Gonen Ashkenasy. (2009). "Systems Chemistry: Logic Gates, Arithmetic Units, and Network Motifs in Small Networks." *Chemistry: A European Journal* 15, no. 7: 1765–1775.

Weinberg, Stephen. (1992). *Dreams of a Final Theory*. New York, NY: Vintage Books.

Woese, C. and G. Fox. (1977). "Phylogenetic Structure of the Prokaryotic Domain: The Primary Kingdoms." *Proceedings of the National Academy of Sciences USA* 74: 5088–5090.

参考文献

Arthur, Brian W. (2009). *The Nature of Technology*. New York: Free Press.

Atkins, Peter W. (1984). *The Second Law*. New York: W. H. Freeman and Co.

Damer, B. (2016). "A Field Trip to the Archaean in Search of Darwin's Warm Little Pond." *Life* 6: 21.

Damer, B. and D. Deamer. (2015). "Coupled Phases and Combinatorial Selection in Fluctuating Hydrothermal Pools: A Scenario to Guide Experimental Approaches to the Origin of Cellular Life." *Life* 5, no. 1: 872-887. https://doi.org/10.3390/life5010872.

Dawkins, Richard. (1976). *The Selfish Gene*. Oxford, UK: Oxford University Press.

Djokic, T., M. J. Van Kranendonk, K. A. Campbell, M. R. Walter, and C. R. Ward. (2017). "Earliest Signs of Life on Land Preserved in ca. 3.5 GA Hot Spring Deposits." Nature *Communications* 8: 15263.

Dyson, Freeman. (1999). *The Origins of Life*. Cambridge, England: Cambridge University Press.

Erdős, P. and Rényi, A. (1960). *On the Evolution of Random Graphs*. Hungary: Institute of Mathematics Hungarian Academy of Sciences Publication, 5.

Farmer, J. D., S. A. Kauffman, and N. H. Packard. (1986). "Autocatalytic Replication of Polymers." *Physica D: Nonlinear Phenomena* 2: 50-67.

Fernando, C., V. Vasas, M. Santos, S. Kauffman, and E. Szathmary (2012). "Spontaneous Formation and Evolution of Autocatalytic Sets within Compartments." *Biology Direct* 7: 1.

Hordijk, W. and M. Steel. (2004). "Detecting Autocataltyic, Self-Sustaining Sets in Chemical Reaction Systems." *Journal of Theoretical Biology* 227: 451-461.

Hordijk, W. and M. Steel. (2017). "Chasing the Tail: The Emergence of Autocatalytic Networks." *BioSystems* 152: 1-10.

Jacob, Francois. (1977). "Evolution and Tinkering." *Science New Series* 196 (4295): 1161-1166.

Kauffman, S. A. (1971). "Cellular Homeostasis, Epigenesis, and Replication in Randomly Aggregated Macromolecular Systems." *Journal of Cybernetics* 1: 71-96.

Kauffman, S. A. (1986). "Autocatalytic Sets of Proteins." *Journal of Theoretical Biology* 119: 1-24.

Kauffman, Stuart. (1993). *The Origins of Order: Self-Organization and Selection in Evolution*. New York: Oxford University Press.

Kauffman, Stuart. (2000). *Investigations*. New York: Oxford University Press.

LaBean, Thomas. (1994). PhD thesis, University of Pennsylvania Department of Biochemistry and Biophysics.

Lincoln, T. A. and G. F. Joyce. (2009). "Self- Sustained Replication of an RNA Enzyme." *Science* 323: 1229-1232.

Longo, G. and M. Montévil. (2014). *Perspectives on Organisms: Biological Time, Symmetries and Singularities*. Berlin: Springer.

Longo, G., M. Montévil, and S. Kauffman. (2012). "No Entailing Laws, But Enablement in the Evolution of the Biosphere." In *Proceedings of the 14th Annual Conference Companion on Genetic and Evolutionary Computation*, 1379- 1392. See also http://dl.acm.org/citation.cfm?id=2330163.

Loreto, V., V. Servedio, S. Strogatz, and F. Tria. (2016). "Dynamics on Expanding Spaces: Modeling

わ行

か行

さ行

索引

著　者　スチュアート・A.・カウフマン（Stuart A. Kauffman）

医学博士、理論生物学者、複雑系研究者。シカゴ大学とペンシルヴァニア大学で教授を務め、1987年には進化生物学のマッカーサー・フェローシップを受賞。著書に、“*The Origins of Order*”（1993）、“*At Home in the Universe*（邦題『自己組織化と進化の論理』）”（1996）、“*Investigations*（邦題『カウフマン、生命と宇宙を語る』）”（2002）、“*Humanity in a Creative Universe*”（2016）などがある。

訳　者　水谷 淳（みずたに・じゅん）

翻訳家。東京大学理学部卒業。訳書に、ジェイムズ・バラット『人工知能 人類最悪にして最後の発明』（ダイヤモンド社、2015）、ジム・アル＝カリーリ、ジョンジョー・マクファデン『量子力学で生命の謎を解く』（SBクリエイティブ、2015）、ジョージ・チャム、ダニエル・ホワイトソン『僕たちは、宇宙のことぜんぜんわからない』（ダイヤモンド社、2018）などがある。

編集担当　加藤義之（森北出版）
編集責任　藤原祐介（森北出版）
組　　版　コーヤマ
印　　刷　日本制作センター
製　　本　ブックアート

WORLD BEYOND PHYSICS
—生命はいかにして複雑系となったか—　　版権取得　*2019*

2020年7月15日　第1版第1刷発行

訳　　者　水谷　淳
発 行 者　森北博巳
発 行 所　**森北出版株式会社**
東京都千代田区富士見1-4-11（〒102-0071）
電話 03-3265-8341／FAX 03-3264-8709
https://www.morikita.co.jp/
日本書籍出版協会·自然科学書協会　会員
JCOPY　＜（一社）出版者著作権管理機構 委託出版物＞

落丁·乱丁本はお取替えいたします.

Printed in Japan／ISBN978-4-627-26151-8